Rigoni Stern

VOM TROST DER BÄUME

Arboretum salvaticum

MARIO
RIGONI STERN

Vom Trost der Bäume

Arboretum salvaticum

Mit einem Vorwort von PAOLO COGNETTI.

Aus dem Italienischen übersetzt und herausgegeben von A. THEODOR FASEN

Dieterich'sche
Verlagsbuchhandlung,
Mainz

Vorwort

MARIO RIGONI STERN war nicht viel älter als vierzig Jahre, als er die ersten Bäume rund um sein Haus pflanzte. Was in der Stadt eine umweltbewusste, menschenfreundliche, ja poetische Tat sein kann, erhält in den Bergen einen ganz anderen, beinah subversiven Sinn. Den Leuten dort liegt das Holzfällen tief im Blut. Seit jeher war es ihr Los, Bäume zu fällen, Baumstümpfe auszuheben, Steine aufzuhäufen und Hänge zu terrassieren, zu bewässern und zu düngen, um Ackerboden und Weideland zu gewinnen. Überall ist Wald, so urwüchsig und eroberungslustig, dass er, kaum kehrst du ihm den Rücken, sich jedes noch so kleine Stückchen Erde zurückholt, das ihm vom Menschen abgerungen wurde. Wozu also ein Stück Weideland verschwenden, indem man dort Kiefern und Birken pflanzt, noch dazu Bäume, die nicht einmal Früchte tragen? So etwas tut nur, wer gegen den Strom schwimmt. Auch Mario wusste das nur zu gut: Im Gebirge beginnt die Zivilisation mit dem Menschen, der Bäume fällt, nicht mit einem, der sie pflanzt.

Aber da war der Krieg – der Krieg in den Bergen und in Marios Leben –, zwei, um genau zu sein: Der Erste Weltkrieg, den er nicht selbst erlebt hat, brach 1916 über die Hochebene der Sieben Gemeinden herein wie ein Sturm. In nur einem Jahr der Gefechte zwischen Österreichern und Italienern wurde nicht nur ein Großteil der Dörfer zerstört, auch fast der gesamte Wald ging im Artilleriefeuer zugrunde, wurde ein Raub der Flammen oder zu Befestigungszwecken gefällt. Dann verzog sich der Sturm, irgendwann hieß es, er sei vorüber, und die Flüchtlinge konnten aus dem Tiefland auf ihre Hochebene zurückkehren. Wenn Landschaft eine Form von Schrift ist, eine tief in die Erde eingeschriebene Geschichte des Menschen und seines Daseins – dann war das, was sie bei ihrer Rückkehr vorfanden, eine verbrannte Bibliothek. Jahrhunderte menschlicher Arbeit waren zerstört.

Nicht lange danach, 1921, wurde Mario geboren. In seiner Kindheit existierte die Welt von gestern nur noch in Familienerinnerungen, in den Geschichten, die am Herdfeuer erzählt wurden und in seiner Phantasie. Die Welt des Heute war ein Trümmerhaufen. Wo auch immer man die Erde umgrub, kamen die Überbleibsel des Krieges zum Vorschein, oder aber die Überreste der Toten – welcher Nationalität sie einmal angehört hatten, spielte keine Rolle mehr. Damals taten die Menschen auf der Hochebene von Asiago, was sie zuvor noch nie getan hatten: Sie pflanzten Bäume, Fichtensetzlinge vor allem, um ihre geschundenen Wälder wiederaufzuforsten. Ein Mal im Jahr zogen sogar die Schulmädchen zum ›Pflänzchenpflanzen‹ aus: *piantar piantine*, wie man sagte. Der Krieg – gewaltsamer Einbruch der Moderne, wie später Industrialisierung und Massentourismus – hatte das Verhältnis von Mensch und Wald umgekehrt. Jetzt ging es nicht mehr darum, dem Wald Boden abzuringen und die Wildnis urbar zu machen. Das Gegenteil war gefordert: Das Pflanzen von Bäumen verwandelte sich zu einer Bitte um Vergebung für die vom Menschen angerichteten Schäden. Es war der Versuch, jene verlorene Bibliothek wiederaufzubauen, die Welt wieder bewohnbar zu machen.

Noch einmal kam der Krieg. Diesmal erlebte Mario ihn am eigenen Leib und weit entfernt von der Heimat. Fast sieben Jahre, von 1938 bis 1945, war er fort; er machte als Soldat die Feldzüge in Frankreich, in Griechenland, in Russland mit, erlebte im Januar 1943 den furchtbaren Rückzug durch Eis und Kälte und geriet eineinhalb Jahre in deutsche Kriegsgefangenschaft. Dann der Rückmarsch zu Fuß über die Alpen, bevor er sich schließlich die Uniform vom Leib reißen konnte. Diesmal hatte nicht die Bergheimat tiefe Wunden davongetragen, er selbst, Mario, war ein verwüstetes Stück Land geworden, aus dem wieder und wieder Trümmer und Tote zum Vorschein kamen. Es war der Wald, der ihn langsam heilte. Das Alleinsein in der Stille des Waldes wurde für Mario zu einer Form des Gebets. Und irgendwann verschmolzen die beiden Kriege in seinem Inneren zu einem einzigen, zum immer gleichen Krieg des Menschen, der nichts als Verwüstung zurücklässt. Als Mario fast zwanzig Jahre später begann, Bäume zu pflanzen, lag darin noch immer der Sinn, die eigene Seele zu heilen und das Stück Erde, auf dem er lebte. Dies ist der Grund, warum er sein *Arboretum* mit dem Wort *salvaticum*, Heil und Trost bringend, bezeichnet hat.

Von allen Bäumen liebte Mario zwei ganz besonders. Der eine ist die Lärche, Königin der Südalpenhänge, Verwandte von Fichte und Tanne, die in Nordrichtung stehen, im Feuchten, im Schatten. Die Lärche aber liebt die Sonne, sie will Luft, Licht und Himmel, und ich glaube, Mario fand in ihr die Züge seines eigenen Wesens wieder. Die Lärche gedeiht gut unter ihresgleichen, aber ihre ganze Schönheit entfaltet sie als Solitär, allein inmitten einer Wiese oder im Hochgebirge, wo sie den Unbilden der Witterung ausgesetzt ist, wo Sturm und Blitzschlag, Kälte und Schnee an ihr zerren. Dort ist sie schön, wie die vom Leben gezeichneten Züge eines Menschen schön sind. Mario war wie solch ein Baum. Ein Schriftsteller, der für sich ein Leben in Abgeschiedenheit wählte, in der klaren Luft und unter dem weiten Himmel der Hochebene von Asiago. Dort ging er seiner Arbeit nach, der Verwandlung seiner Wunden in eine Form von Schönheit.

Der zweite Baum in Rigoni Sterns Leben war die Birke. Sie erinnerte ihn an Russland, das Land, in dem er gekämpft und gelitten hatte, in dem er seine Kameraden hatte sterben sehen. Das Land, das er in Schnee und Kälte durchquert hatte, das er verflucht hatte und schließlich doch geliebt. Dort begegnete ihm die Birke, von der die russischen Dichter und Maler sprechen: mit ihrer weißen Rinde Sinnbild für Jungfrau und Braut, Fruchtbarkeit und Wiedergeburt. Rigoni Stern, der sich als Schriftsteller gegenüber der Literatur Italiens wohl immer ein wenig fremd gefühlt hat – einer Literatur des Urbanen, weit weg von den Wäldern – fand eine Art Wahlheimat in Tolstois Bauernwelt, in den Jagdszenen Turgenjews und in Tschechows Gärten. Besonders Tschechow wusste er sich verbunden in seinem literarischen Streben nach Klarheit, Einfachheit, Licht; auch er ein Schriftsteller, der Bäume pflanzte, rings um sein Haus auf der Krim.

Das *Arboretum salvaticum* ist das Resultat von Rigoni Sterns lebenslanger Beschäftigung mit den Bäumen. Es ist sein poetischstes und zugleich wissenschaftlichstes Buch, und wenn es ihm auch keinen Literaturpreis einbrachte, so doch einen Doktor *honoris causa* in Forstwissenschaften. Ein zugleich strahlendes und geheimnisvolles Buch. Rigoni Stern schrieb es nicht mit vierzig, sondern mit siebzig. Es ist das Buch eines Mannes, der alt geworden ist, der vor sich den letzten Abschnitt seines Lebens sieht und schon an den Tod denkt. Wer Bäume pflanzt, weiß: So lange und so aufmerksam er ihr Wachstum auch begleiten mag, die eigene Lebenszeit wird nicht ausreichen, sie in voller Größe zu sehen. Mit dreißig Jahren ist eine Lärche nicht viel mehr als ein kleines Bäumchen, kaum höher als ein Haus. Mit hundert erreicht sie ihre volle Entwicklung, mit zweihundert erst ihre vollendet majestätische Gestalt. In den Alpen gibt es Lärchen, die über zweitausend Jahre alt sind. Für einen zweitausend Jahre alten Baum währt ein Menschenleben mit all seinem Lieben und all seinen Kriegen, seinen Erinnerungen und Träumen und Büchern nicht länger als ein kurzer Sommer im Gebirge. In der gemeinsam durchlebten Zeit aber können Menschen und Bäume füreinander sorgen, einander heilen. Mario Rigoni Stern, die Jahrhundertlärche der italienischen Literatur, hat mit diesem Buch ein *salvaticum* hinterlassen, etwas Heilendes und Tröstendes. Lasst uns Bäume pflanzen für die Menschen, die nach uns kommen!

Paolo Cognetti, 12. Juli 2021

Inhalt:

Die Lärche → S. 35

Fichten & Tannen → S. 40

Die Kiefern → S. 49

Der Mammutbaum → S. 59

Die Buche → S. 64

Die Linde → S. 69

Die Eibe → S. 75

Die Esche → S. 81

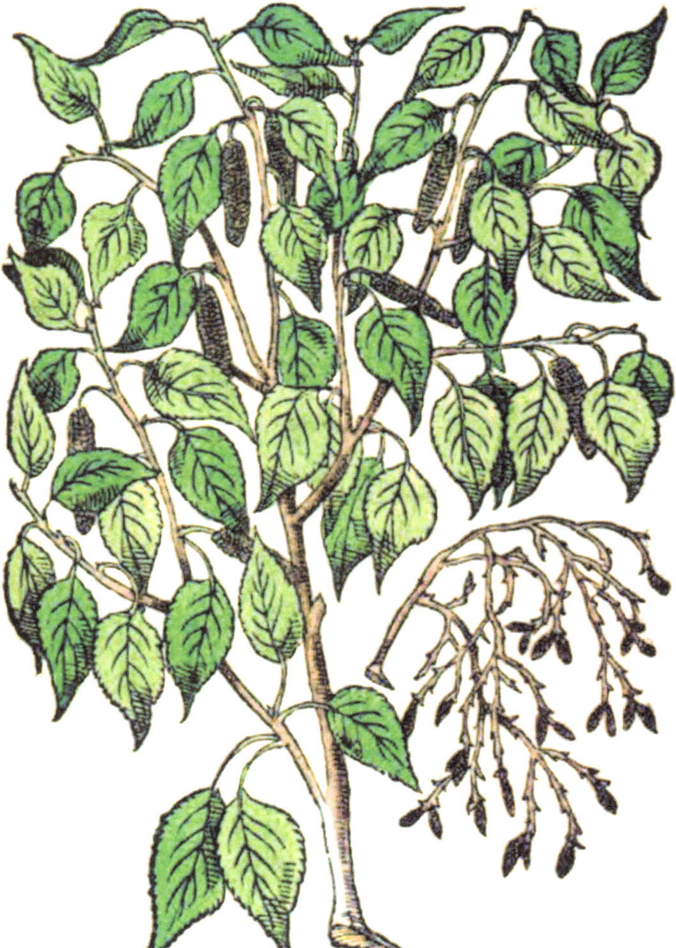

Die Birke → S. 87

Die Eberesche und ihre Verwandten → S. 92

Die Kastanie → S. 98

Die Eichen → S. 104

Der Ölbaum → S. 110

Die Weide → S. 116

Die Walnuss → S. 123

Die Pappel → S. 130

Der Holzapfel → S. 136

Der Ahorn → S. 142

Der Maulbeerbaum → S. 148

Der Kirschbaum → S. 153

MARIO

RIGONI STERN

Vom Trost der Bäume

Einleitung

Seit jeher haben Bäume im Menschen die Empfindung des Heiligen und des Geheimnisvollen ausgelöst, und der Wald war der erste Ort des Gebetes. In seiner *Historia naturalis* schreibt Plinius der Ältere: ›Nicht weniger als zu goldenen Götterbildern beten wir zu den Bäumen des Waldes in ihrer Erhabenheit.‹ Mit der Welt der Bäume, auch mit einzelnen Bäumen, sind Mythen und Legenden verknüpft, Märchen und Sagen und auch wahre Geschichten. Die Dichter des Altertums erzählen von der Ägis, einem feuerspeienden Ungeheuer, das von Phrygien bis Indien, vom Libanon bis Libyen die Wälder verwüstete, bis es schließlich in der Ebene von Epiros von der Göttin Athene besiegt und getötet wurde.

Vielleicht wurde das mythische Ungetüm als Bild für das Zerstörungswerk fremder Eroberervölker ersonnen. Vielleicht stand es aber auch für das Bedürfnis wachsender Gesellschaften nach mehr Ackerland. Die damit verbundene unkontrollierte Entwaldung führte zur Abnahme des Regens, zum Austrocknen der Quellen und zur Entstehung von Wüsten. Um dies zu verhindern, so schreibt Adolfo di Bérenger in seinem 1863 in Venedig gedruckten Werk *Über das Waldrecht des Altertums,* erließen die Menschen Gesetze zum Schutz und zur Erhaltung der Bäume und Wälder, ›welche sie mit dem Geheimnis der Religion umgaben, auf dass sie allerorten und von jedermann geachtet würden.‹

Heute, viele Jahrhunderte später, wiederholt sich Tag für Tag an anderen Orten der Erde die Geschichte der Zerstörung der Wälder. Wenn jedoch schon die Warnungen der Wissenschaft nicht helfen, keine Gesetze zum Schutz der Wälder erlassen und nicht einmal die bestehenden befolgt werden – welcher Mythos, welche Glaubenskraft, welche neue Athene ließe sich denken, die die Ägis von heute daran hinderte, mit ihrem Feuerrachen den Urwald Amazoniens zu vernichten?

In diesen zwanzig Porträts – literarischen ›Vergegenwärtigungen‹ – einzelner Bäume und ihrer Arten will ich von dem berichten, was ich im Laufe meines Lebens in Erfahrung gebracht habe, was ich auf meinen Wegen und beim Arbeiten im Wald, was ich aus neuen und alten Schriften, was ich von Dichtern, Holzfällern und Forstkundlern gelernt habe. Den Anfang machen die Bäume im Garten vor meinem Haus in den Bergen, gefolgt von den Bäumen in meinem Heimatland Italien (über alle Bäume der Welt kann ich ja unmöglich schreiben). Hoffentlich ist, was ich hier zu Papier bringe, das Holz, aus dem dieses Papier gemacht wurde, auch wert!

Die Lärche

Meinem Haus am nächsten stehen zwei Lärchen; jeden Morgen fällt mein Blick auf die beiden und ich kann an ihnen den Wechsel der Jahreszeiten ablesen. Bewegt der Wind so wie jetzt ihre Zweige, streichen sie über das Dach unseres Hauses. Als ich 1964 seine Mauern hochzuziehen begann, standen die beiden Lärchen schon dort – gekeimt aus dem Boden, den die Wucht einer explodierenden Granate 1918 aufgerissen hatte. Damals boten die beiden noch ein anderes Bild. In die Höhe gewachsen waren sie schon, und sie schwankten im Wind, doch ihr Stamm war nicht breiter als zwanzig Zentimeter. Im Herbst sammelte ich unter den beiden Lärchen einen ganzen Korb voller violetter Rötelritterlinge, der festen, duftenden Pilze, mit denen diese Jahreszeit zu Ende geht. Als ich im Frühjahr die Arbeit am Haus wieder aufnahm, kleideten sich die beiden Lärchen gerade in strahlendes Hellgrün, begleitet vom Gelb und Hellrot der Blütenstände; und unter den leuchtenden beiden Bäumen fand ich Georgsritterlinge, die ersten Pilze des Frühjahrs.

Die Lärche, *Larix decidua*, gehört zur Familie der Kieferngewächse. Der hochwachsende Baum kann bis zu fünfzig Meter groß werden; er ist äußerst langlebig und sein gerader schlanker Stamm wird von einer lichten pyramidenförmigen Krone umschlossen. In der Jugend ist seine Rinde glatt und leicht grau, im Laufe der Jahre wird sie rötlich-braun, dabei stärker und tief gefurcht. Die Zapfen haben die Gestalt kleiner brauner Eier und sind zwischen drei und vier Zentimeter lang. Wenn sie sich öffnen, lassen sie Samen mit kaum mehr als einen Zentimeter langen Flügelchen daran zur Erde fallen. (Im letzten Winter konnte ich Scharen von Zeisigen und Finken dabei zusehen, wie sie am Boden danach pickten.)

Die Lärche ist ein typischer Baum der Alpen, sie wächst bis in Höhenlagen von über 2500 Metern, doch man findet sie auch in den Karpaten; manche Sorten gedeihen vor allem in Polen, in Sibirien und in Japan. Lärchen lieben die Sonne, kalte schneereiche Winter und trockene Sommer. Die Lärche gehört zu den Pionierarten und man trifft sie dort an, wo der Boden durch Erdrutsche oder Überschwemmungen aufgewühlt, oder wo Gebüsch gerodet wurde. Lärchen bewurzeln jeden lockeren Boden, wenn er nur trocken genug ist. Sie bilden geschlossene Wälder, wachsen im Gebirge aber auch in Gesellschaft mit anderen Nadelbäumen. Auf Weideland ist die Lärche sehr willkommen, denn mit ihrem lichten Nadeldach steht sie dem Graswachstum nicht im Wege. An heißen Sommernachmittagen stellt das Vieh sich gern in ihren Schatten. Ritzt man unten am Stamm die Rinde, tropft bernsteinfarbenes Harz heraus. Aus ihm lässt sich das sogenannte Venezianische Terpentin gewinnen, das früher von Malern und Apothekern viel verwendet wurde.

Das Kernholz der Lärche ist rötlich-braun, das Splintholz heller, die Jahresringe sind deutlich abgesetzt; Lärchenholz besitzt einen starken Duft, und es ist hart und fest.

Seit jeher bauen sich die Menschen in den Bergen Häuser und Scheunen aus Lärchenholz. (Je höher im Gebirge eine Lärche wächst, desto besser ihr Holz.) Im Fassatal sieht man schwere Türbalken mit eingeschnitzten Jahreszahlen und Namen, die weit in die Geschichte zurückreichen. Aus Lärchenholz werden außerdem Dachschindeln gemacht, hölzerne Schöpfgefäße und Fässer, Möbel und Gerätschaften aller Art. Das Holz der Lärche fault im Wasser nicht. Deshalb bauten die Venezianer nicht nur ihre Schiffe daraus, sondern errichteten auch ihre Paläste und Kirchen auf Pfählen aus Lärchenholz. Venedig besaß strenge Gesetze zur Waldnutzung, und schon im 16. Jahrhundert wurde dort eine eigene Forstverwaltung eingerichtet.

Plinius berichtet, dass Kaiser Tiberius für eine Brücke in der Hauptstadt einen gewaltigen Lärchenstamm aus den rätischen Alpen herbeischaffen ließ. Der kolossale Balken löste Staunen bei den Römern aus, er war einhundertfünfzig Fuß lang und maß an jeder Seite zwei Fuß – heute erstaunt uns vor allem, wie er wohl von so weit her in die Ewige Stadt transportiert wurde.

Auch bei den drei mit Gewissheit ältesten Bäumen der Alpen handelt es sich um Lärchen. Sie stehen im Ultental in Südtirol oberhalb des Dorfes Sankt Gertraud. Der mächtigste der drei Stämme hat einen Umfang von über acht Metern. Auch seit Blitzschlag oder Schneelast ihm die Spitze entzwei gespalten haben, ist er noch achtundzwanzig Meter hoch. Die ursprünglich vierte im Bunde der drei Lärchen wurde 1930 von einem Sturm umgerissen; man hat die Jahresringe gezählt, und konnte ihr Alter auf über 2200 Jahre bestimmen!

Auch der Baum meiner Kindheit war eine Lärche. Mein Großvater hatte sie zur Erinnerung an den Beginn des neuen, 20. Jahrhunderts gepflanzt. Dann kam der Erste Weltkrieg und sie geriet zwischen die Fronten und Schützengräben. Seitdem trug diese Lärche die Narben der Jahre von 1916 bis 1918 auf ihrer Haut. Die Wunden der Einschüsse und Granatsplitter waren damals, in den Dreißigerjahren, noch von Harz verkrustet. Mag sein, dass auch die Gabelung an der Spitze des Stammes von einer verirrten Granate stammte. Eine Lärche erträgt den Wind, der an ihr zerrt, und den Blitz, der in sie schlägt; sie erträgt auch den Krieg.

Bei Sonnenuntergang kletterte ich also auf ›meine‹ Lärche, mitten hinein in das im Abendlicht goldflammende Nadelkleid. Manchmal setzte ich mich rittlings in die Gabelung; das Harz klebte mir wie Pech an den nackten Beinen und kurzen Strümpfen. Wenn dann die Sonne hinter den Kleinen Dolomiten unterzugehen begann, kletterte ich wie ein Eichhörnchen von Ast zu Ast immer weiter nach oben. So gelangte ich bis dorthin, wo die dünnen biegsamen Äste mein Gewicht gerade noch tragen konnten und der Wipfel über der Tiefe schwankte. Von dort oben konnte ich die Sonne am längsten beobachten, wie sie zwischen rotglühenden Wolken versank, von dort stach ich in meiner Phantasie zu gewaltigen Abenteuern in See. Dies war der Augenblick, in dem wir Kinder, jedes auf ›seinem‹ Baum, ganz still wurden.

Aus Sibirien wusste ein Reisender zu berichten, dass die dortigen Urvölker die Lärche als Weltenbaum ansehen. An seinem Stamm steigen Sonne und Mond in Gestalt eines goldenen und eines silbernen Vogels auf und nieder. Dort im Norden hatten sie auch einen Heiligen Hain, in dem sie die schönsten Felle an die Äste der Lärchen hängten, und alle Jäger legten einen Pfeil davor nieder.

Von allen Lärchen bewundere, ja verehre ich jene am meisten, die auf schroffen Felsvorsprüngen den Zeiten trotzen. Jahrhunderte überdauern sie Blitze und Stürme. Krumm und verwachsen und voller Narben von herabstürzendem Gestein stehen sie dort, ihre Äste zerborsten. Doch jedes Frühjahr, wenn die Ringdrossel in den Krüppelkiefern ihr Nest baut, hüllen sie sich in leuchtendes Grün, und zu ihrer Blüte erwacht der Balzruf des Auerhahns. Und im Herbst, wenn es wieder still zu werden beginnt im Gebirge, steht ihr goldenes Licht in den Hängen.

Fichten & Tannen

Die Fichte, *Picea excelsa,* auch Rottanne genannt, hat mich mein Leben lang begleitet. In dem Haus, in dem ich geboren wurde und meine Jugend verbracht habe, war alles aus Fichtenholz: Möbel, Haushaltsgegenstände, Fußböden, Treppen; auch die mächtige Balkengeometrie des Dachstuhls war aus Fichte. Das Holz kam aus unseren Wäldern, von Bäumen, die im Krieg in Mitleidenschaft gezogen worden waren und zur Wiederaufforstung in den Jahren 1919 bis 1922 gefällt werden mussten.

Wenn wir als Kinder zum alljährlichen ›Tag der Bäume‹ Setzlinge pflanzten, waren es Fichtenbäumchen, die wir auf den großen, vom Krieg hinterlassenen Lichtungen pflanzten. Und Fichten waren es, die unsere Dorfnachbarn zu Hunderttausenden in die Erde brachten, sobald der Boden vom Schnee befreit war. Um Anzucht und Aufforstung je nach Höhenklima und Jahreszeit vornehmen zu können, gab es verschiedene Pflanzungen, wir nannten sie ›Forstgärten‹, an verschiedenen Orten in unterschiedlichen Lagen. Die Sämereien stammten aus den Forsten des Val di Fiemme, denn dort wachsen nach Expertenurteil die schönsten Fichten, und sie liefern das beste Holz in den gesamten Alpen.

Viele Jahre lang bestand die Hauptarbeit der Leute hier darin, Bäume zu pflanzen und Kriegsschrott einzusammeln. Beinah jedes Mal förderten sie aus den Pflanzlöchern zusammen mit Erde und Steinen auch Patronenhülsen ans Tageslicht oder sogar Blindgänger, und oft auch die Knochen der Gefallenen, denn alles hier war Schlachtfeld.

Heute, siebzig Jahre später, zeigt sich, dass die Anlage reiner Fichtenwälder ein Fehler war. Denn das ökologische Gleichgewicht dieser in Monokultur und im gleichen Wachstumsalter stehenden Forste ist äußerst störungsanfällig. Parasiten, Pilzerkrankungen, Schadinsekten oder Wetterschäden können Arbeit und Kapital, die in den Wäldern stecken, in kürzester Zeit zunichte machen. Aber damals ging es darum, die zerstörten Waldflächen möglichst rasch wieder aufzuforsten und die allerorts sichtbaren Folgen des Krieges zu beseitigen.

Im Garten vor meinem Haus wachsen neben anderen hochstämmigen Baumarten auch mehrere Fichten. Und sie wachsen kräftig: Obschon sie weiter unten am Hang stehen, verstellen sie mir bereits ein wenig den Blick in die Landschaft. Als sie noch kleiner waren, konnte ich schwärmende Bienen ganz bequem aus den Zweigen rütteln und einsammeln. Vor fünfzehn Jahren ungefähr kamen die Finken und bauten jedes Jahr im Frühling ihr Nest in den Fichten (und jedes Mal, wenn die Jungen schlüpften, erschienen die Krähen, um es zu plündern, auch wenn ich noch so sehr achtgab). Dieses Jahr waren es Drosseleltern, die von einem Paar Krammetsvögeln vom Nest vertrieben wurden, das nun, während ich hier sitze und schreibe, seinen erbärmlich kreischenden Jungen Würmer und Larven heranschleppt.

Die Fichte ist und bleibt der bestimmende Baum der Alpen und ihrer Wälder. Dem Holz dieses Baumes verdankten früher viele Familien in den Bergen ihren Lebensunterhalt. Sie machten daraus Dinge für den täglichen Bedarf, die – bis zur Erfindung von Plastikutensilien – in ferne Länder verkauft wurden. Damals lagen rings um die Häuser in unserer Gegend Türme von Holzbrettchen und Fassdauben zum Trocknen aufgeschichtet. Wenn dann ›der Wolf den Winter fraß‹, wurden daraus Eimer, Bottiche und Käseformen oder Kistchen und Kästchen für Apotheker und Goldschmiede gemacht.

Sehr selten sind jene mit besonderen Materialeigenschaften ausgestatteten Fichten, die als *alberi di risonanza* bezeichnet werden und das liefern, was man ›Klangholz‹ nennt. Gefällt, gelagert und gesägt werden diese Bäume mit größter Sorgfalt und unter Beachtung der Mondphasen (der Einschlag muss gleich nach Vollmond geschehen und der mehrere Jahre abgelagerte Stamm bei abnehmendem Mond zugesägt werden, damit das Holz, das noch lange arbeitet, möglichst fest bleibt). Aus den fertig zugeschnittenen Fichtenbrettern machen Geigenbauer den Schallkörper von Streichinstrumenten.

Reiner Fichtenwald ist eintönig und finster und lässt nur sehr wenig Unterholz hochkommen. Die Stämme streben wie Säulen zum Himmel. Wenn das Licht durch einen Fichtenwald dringt, entsteht ein Schattenspiel wie in einer gotischen Kathedrale. Im Winter kann es vorkommen, dass der Schnee tagelang auf den Ästen liegen bleibt. Rutscht er dann herab, bildet sich rings um den Stamm eine Art Wall. Bei starkem Frühlingsschneefall sammeln sich große Schneemengen auf dem Wipfeldach der Fichten. Weht dann ein starker Wind, kann es zu großen Schäden durch Schneebruch kommen. Stämme bersten, ganze Bäume werden entwurzelt und krachen unversehens mit lautem Getöse zur Erde, der Schnee rauscht von den Bäumen und stäubt durch die Luft. Wer in solch einem Augenblick im Wald oder auf einem Saumpfad in den Bergen unterwegs ist, dem kann schon der Schreck in die Glieder fahren.

Die Fichte gehört zur Familie der Kieferngewächse (weshalb manche Laien aus der Stadt sie fälschlich als Kiefern bezeichnen, die aber Bäume ganz anderer Art sind). Die Fichte bzw. Rottanne, ist ein Baum erster Wuchsordnung; sie wird also recht hoch, manchmal bis zu vierzig Meter. Fichten können ein hohes Alter erreichen. In manchen unberührten Waldgebieten gibt es Exemplare, die vier- oder fünfhundert Jahre alt sind. Das Astwerk ist pyramidenförmig angeordnet, wobei die Zweigspitzen nach oben weisen. In Höhenlagen und in nördlichen Regionen, wenn die Äste von der Schneelast lange an den Stamm gedrückt wurden, nimmt die Fichte Säulenform an. Ihre Rinde ist rötlich und feinschuppig, mit den Jahren wird sie rissig und platzt in großen Schuppen ab.

Fichtennadeln sind zwei bis drei Zentimeter lang und sitzen rundherum an den Zweigen. Die männlichen Blütenstände erscheinen an den frischen Trieben und sind rötlich-gelb, die weiblichen leuchtend rot. Die Zapfen hängen vom Zweig nach unten und können bis zu zwanzig Zentimeter lang sein; sie öffnen sich erst, wenn sie zu Boden fallen. (Was die Eichhörnchen nicht daran hindert, sich in die Zweige zu setzen und die Zapfen in aller Ruhe von ihren Schuppen zu befreien. Dann fressen sie die Samen heraus und lassen den kahlgenagten Zapfen zur Erde fallen.) Die Samen sind braun, nicht größer als ein Hirsekorn und mit einem fünfzehn Millimeter langen Flügelchen versehen.

Die Fichte liebt das Licht sowie lockere, saure Böden. Sie bildet Mischwälder mit Buchen und Tannen, in höheren Lagen auch mit Lärchen, und wächst an Berghängen von achthundert bis zweitausend Metern Höhe. Das Verbreitungsgebiet dieser borealen Spezies reicht von den Alpen bis zu den höchsten Bergen Griechenlands, von Transsylvanien bis Skandinavien und bis jenseits des Polarkreises.

Den Dichtern der griechischen und römischen Antike galt die Fichte als Baum des Hochzeitsgottes Hymenaios, denn aus dem harzigen Holz der Fichte waren die Kienspäne zur Erleuchtung des Brautgemachs gemacht.

DIE WEISSTANNE, *Abies alba*, ist wie die Fichte ein großer und stattlicher Baum. Sie kann bis zu fünfzig Meter hoch werden und einen Umfang von über vier Metern erreichen wie die majestätische *Avez del prinzep*, die Fürstentanne in Lavarone. Sigmund Freud, der dort seine Ferien verbrachte, verweilte in ihrem Schatten, und auch Robert Musil hat sie sicherlich gekannt. Tannen wachsen aufrecht, ihr Stamm ist gerade und rund, die Krone schlank; im Laufe der Jahre oder Jahrhunderte nimmt sie jedoch ›Storchennest‹-Form an. In das tiefe Tannengrün mischt sich ein Silberschein, der von der helleren Unterseite der Nadeln ausstrahlt. Diese sind flach und stehen auf einer Höhe seitlich am Zweig nach Art eines Kammes. Die Rinde ist glatt und silbergrau mit Harzbläschen darauf. Mit der Zeit reißt sie schrundig auf und dunkelt nach wie bei den meisten Bäumen. Die kräftigen Hauptäste stehen dicht nebeneinander wie die Speichen eines Rades. Wie die Fichte ist auch die Tanne einhäusig. Die Blütenstände erscheinen im Frühjahr: schwefelgelb auf halber Kronenhöhe die männlichen, rot-violett weiter oben die weiblichen. Die Zapfen messen bis zu zehn Zentimeter oder mehr, sie sind anfangs grün, später braun und aufwärts gerichtet.

Das Verbreitungsgebiet der Weißtanne liegt in Mittel- und Osteuropa, denn sie bevorzugt feuchtes, regenreiches Klima. Bestimmte Sorten wachsen jedoch auch in Marokko, Kalabrien und Sizilien, in Griechenland und an der Schwarzmeerküste. In den Alpen findet man sie bis zur oberen Baumgrenze, meist vergemeinschaftet mit Fichte und Buche. Das Holz der Tanne ist weiß mit einem Stich ins Gelbliche oder Rosafarbene und weist deutlich abgesetzte Jahresringe auf.

Die höchsten und stärksten Tannenstämme lieferten früher das Material für die Mastbäume der Segelschiffe, aber auch für Gerüste und große Dachstühle, denn das Holz der Tanne ist tragfähig und langlebig. Als Tischlerholz eignet es sich dagegen nicht ganz so gut wie das der Fichte.

Die Rinde der Weißtanne enthält viel Tannin, noch Anfang des 20. Jahrhunderts wurde sie deshalb in unserer Gegend zu Pulver vermahlen und zum Gerben von Leder verwendet.

Als die Menschen noch mit der Natur lebten, spürten sie das Bedürfnis, den Wiederaufstieg der Sonne am Winterhimmel mit einem Fest zu begehen. Also schmückten sie im Wald eine Tanne und feierten das Ereignis auf einer hellen Lichtung mit Tanz und Gesang. Dann kam eines Tages aus einem Land, wo das Meer niemals von Eis bedeckt wird, eine Schar Männer und verkündete die Frohbotschaft: Einer ward geboren, der den Menschen das Licht brachte, ein Licht, das von innen kommt, nicht von außen. Und so vereinte man das Fest zu Ehren dieses Einen und seiner Geburt mit dem Fest der Sonne und ihrer Wiederkehr.

Von daher kommt auch der Brauch, einen Weihnachtsbaum aufzustellen, den heute manche Umweltschützer verteufeln. Doch die Einwände, die sie mit so viel Verve ins Feld führen, überzeugen mich nicht. Tausende, wenn nicht Millionen von Bäumen, behaupten sie, würden geopfert, ganze Wälder vernichtet, und die Umwelt dadurch schwer geschädigt. Aber das stimmt nicht. Zunächst ließe sich erwidern, dass in Nordeuropa, wo dieser Brauch seit langem gepflegt wird, die Wälder durchaus nicht verschwunden sind. Gefahr droht dem Wald von anderswoher! In unseren Breiten sind es gewiss nicht die Weihnachtsbäume, die das ökologische Gleichgewicht ins Schwanken bringen.

Die Tannen, die bei uns zur Weihnachtszeit auf dem Markt verkauft werden, tragen an der Spitze eine Marke mit Herkunftsgarantie der staatlichen Forstverwaltung: sie werden in eigenen Schonungen gezogen. Dabei handelt es sich meist um aufgegebene Weideflächen, sodass die Bergbauern alle acht bis zehn Jahre zu den kärglichen Erträgen ihrer Höfe einen kleinen Zusatzverdienst verbuchen können.

Der beste Wald für den Menschen ist nicht der unberührte oder sich selbst überlassene Wald, sondern ein Mischwald mit Bäumen in unterschiedlichem Wachstumsstadium, der genutzt und gepflegt wird. Dies lehrt die historische Erfahrung und das sagen mir auch Fachleute. Um den Wald zu erhalten und ihn richtig zu nutzen, müssen jedoch immer wieder einzelne Bäume gefällt werden, was das Wachstum der übrigen nur fördert. Der Wald soll uns Holz zum Bauen und Heizen liefern, und um Papier daraus zu machen, warum nicht auch ein Bäumchen, das in dunkler Zeit an die Rückkehr der Sonne und die Geburt Christi erinnert?

Vor dem Haus in den Bergen, in dem ich wohne, liegt am Waldrand eine Viehweide. Im Laufe der Jahre konnte ich beobachten, wie sie sich verändert hat. Früher grasten dort neun Kühe. Dann wurde die Weide aufgegeben. Disteln, Ginsterbüsche, Hundsrosen und Berberitzen begannen zu wuchern, kleine Tannenbäumchen und eine Handvoll Eschenschösslinge ließen sich blicken. Vor ein paar Jahren nahm der Bauer die Viehhaltung wieder auf, aber nun konnten auf demselben Stück Land statt der neun Milchkühe nur noch sieben Kälber weiden, für mehr Vieh gab es kein Gras.

Also musste die Weide komplett vom Gestrüpp befreit werden.

Unterdessen waren aber auch die Bäume gewachsen. Je größer sie wurden und je mehr Schatten sie warfen, desto kleiner wurde die Weidefläche. In diesen Dezembertagen bekam der Eigentümer von der Forstverwaltung nun die Genehmigung, die knapp hundert Bäumchen zu fällen, damit mehr Gras für die Kälber gedeihen kann. Und diese Bäumchen werden nun als Weihnachtsbäume in der Stadt verkauft – ich kann daran nichts Unökologisches finden!

Dazu passt auch, was mir in diesen Tagen ein Agrarwissenschaftler berichtet hat: dass nämlich durch die Aufgabe der Bergweiden die Waldfläche in den italienischen Alpen, Voralpen und im Apennin Jahr für Jahr zunimmt. Macht euch also keine Sorgen, liebe Umweltschützer, wenn ihr die Weihnachtsbäume seht, die bei euch in der Stadt verkauft werden, ökologisch unterscheiden sie sich kaum von den Schnittblumen am Stand daneben.

Die Kiefern

Lärche, Weißtanne, Rottanne oder Fichte: sie alle sind Kieferngewächse (*Pinaceae*). Zur selben Familie, jedoch zu einer eigenen Gattung, gehören die Kiefern. Auf der Nordhalbkugel vom Atlantik bis zum Pazifik sind gut neunzig Arten verbreitet. Mit viel Geduld und der Hilfe von Botanikhandbüchern könnte ich hier eine lange Reihe von Kiefernarten vorstellen. Ich will mich aber auf diejenigen beschränken, die im Garten vor meinem Haus in den Bergen wachsen: die Gewöhnliche oder Waldkiefer, *Pinus sylvestris*, die Bergkiefer, *Pinus montana*, und die Zirbelkiefer, *Pinus cembra*.

Die Waldkiefer steht südlich meines Hauses, gerahmt von zwei Birken. Ich fand den Setzling im Schotter einer Gletschermoräne, als ich am Ende eines langen Winters dort auf einer Wanderung mit meinem Sohn vorüberkam. Wie hoch sie nun ist, denke ich, wenn mein Blick auf die Kiefer fällt, und wie doch die Jahre ins Land gehen!

Die Waldkiefer gehört zu den Bäumen erster Ordnung, das heißt, sie erreicht Wuchshöhen von vierzig Metern oder mehr. Wie alle Nadelbäume ist sie sehr langlebig und kann bis zu fünfhundert Jahre alt werden. Ihr Stamm wächst gerade, doch unter Wind- und Schneelast, Blitz- oder Steinschlag krümmt er sich. Die Krone ist locker und unregelmäßig verzweigt, die Triebe sind aufwärts gebogen. Wo die Waldkiefer eng mit Artgenossen zusammen steht, nimmt ihre Krone eine gestreckt spitzkegelige Form an, steht sie allein oder im lichten Wald, breitet sie ihre Äste aus. Die Rinde ist schuppig, anfangs rötlich, später hellgrau und rissig, weiter oben stets mit einem Stich ins Rote. Die Nadeln sind bläulich-grün, gedreht, stehen paarweise am Holz und sind zwischen drei und sieben Zentimeter lang (in kalten Gegenden kürzer, im Süden länger).

Wie alle Nadelbäume sind auch die Kiefern einhäusig. Die Blütenstände der Waldkiefer enthalten viel Pollen; die Bienen sammeln ihn reichlich und machen Wachs daraus. Zur Blütezeit im Mai und Juni rieselt schon beim leisesten Windhauch blassgelber Staub aus den Pollengefäßen der Kiefern. Geht man unter ihnen entlang, hat man ihn überall auf seinen Kleidern. Früher sprach man dann vom ›Schwefelregen‹ wie von einem Wunder.

Die Waldkiefer liebt Sonnenlicht und kontinentales Klima. Kälte und Trockenheit verkraftet sie gut.

Wer durch den Vinschgau fährt, bemerkt auf der linken, nach Süden weisenden Talseite hier und da kleine Kiefernwaldungen, während die nach Norden ausgerichtete rechte Flanke dicht von Fichten, Tannen und Laubbäumen bedeckt ist. Die Waldkiefer gehört deshalb auch zu den Pionierarten, die Brachland und Trümmerflächen besiedeln.

Mit ihrem rosa-weißen, etwas gelblichen Splint und ins Braune gehenden Kern liefert die Waldkiefer gutes Holz. Je nach Herkunft kann es von unterschiedlicher Qualität sein. Das beste Kiefernholz wächst langsam, an kühlen Standorten im

Gebirge. Es ist langlebig und widerstandsfähig und eignet sich bestens für den Schiffbau, aber auch für Möbel und Haushaltsgeräte. Was nicht zu Brettern gesägt werden kann, liefert Zellulose zur Papierherstellung. Aus dem Astwerk von Waldkiefern wurde früher eine besondere Sorte Holzkohle zum Schmelzen von Stahl gebrannt.

Erreicht ein Baum das Alter von etwa einhundertzwanzig Jahren, kann er zur Harzgewinnung genutzt werden. Dazu wird am Fuß des Stammes die Rinde eingeritzt, das austretende dickflüssige Harz wird zu Terpentin destilliert. Aus den Destillatresten lässt sich sogenanntes Griechisches Pech gewinnen, Kolophonium. Das beste Kolophonium ist das der Waldkiefer; man benutzt es als Geigenharz, mit dem der Rosshaarbogen von Streichinstrumenten eingerieben wird.

Zahlen zufolge, die Adolfo Bérenger im 19. Jahrhundert für die Forste der Steiermark erhoben hat, produziert eine ausgewachsene Kiefer jährlich zwischen drei und vier Kilogramm Harz. Ein Hektar Kiefernwald kann also bis zu 1700 Kilogramm liefern, aus denen sich dreihundert Kilogramm Terpentinöl und tausend Kilogramm Kolophonium gewinnen lassen. Auch nach dem Abzapfen ließ sich der noch harzgetränkte Stamm zur Herstellung von Kienspänen verwenden. Diese in kleine Latten gespalteten Hölzer wurden anstelle von Kerzen oder Öllampen gebraucht. Man konnte sie überall kaufen; ich erinnere mich noch, wie vor fünfzig Jahren in Albanien, auf dem Markt in Tirana oder in Korça, Bauern aus den Bergdörfern für ein paar Lire ganze Bündel von solchen Kiefernholzspänen feilboten, aus denen noch das Harz tropfte. Und wie wir in den Wäldern immer wieder auf Kiefern mit ausgehöhlten Stämmen trafen, aus denen auch wir noch Späne schneiden konnten, um Licht für unser Nachtlager zu haben.

Aus Kiefernholz wurde außerdem Pech gewonnen: Dazu schichtete man das Holz zu Meilern auf, wie sie die Köhler bauen, nur etwas sorgfältiger. Wurde der Meiler in Brand gesetzt, tropfte das Pech in eine darunter befindliche Grube oder Wanne. Schiffssegel und Tauwerk wurden mit diesem Pech getränkt. In raffiniertem oder wiederum destilliertem Zustand ließen sich einige noch wertvollere Stoffe daraus gewinnen: ›rotes Pech‹, mit dem die Innenseite von Weinfässern ausgerieben wurde, oder ›braunes Pech‹, das in Deutschland gemischt mit Wachs zum Abdichten von Bierfässern diente. Schiffspech war unverzichtbar zum Kalfatern von Schiffsrümpfen; Schuster und Sattelmacher benutzten Schusterpech, um damit den Nähfaden zu fetten, und schon Plinius schreibt, dass Wein mit Pechharz versetzt wurde, um ihn bekömmlicher zu machen.

Die Kiefer gilt auch als Heilpflanze; Knospen, Nadeln und Zweige enthalten pflegende Essenzen, die keimtötend wirken. Wer einmal ein wirklich gesundes Bad nehmen will, für den gilt folgendes Rezept: heißes Wasser in die Wanne lassen, zwei reichliche Handvoll Kiefernnadeln dazugeben, kaltes Wasser einlaufen lassen, bis Badetemperatur erreicht ist, in die Wanne steigen und die aufsteigenden Dämpfe einatmen – eine Wohltat! Jenseits der Alpen sammelt man Kiefernnadeln vom Waldboden auf, lässt sie auslaugen und erhält so ›Waldwolle‹. Diese wirkt desinfizierend (und antirheumatisch) und lässt sich anstelle von Schafwolle zum Ausstopfen von Matratzen und Kissen verwenden.

Der Kiefernbaum hat dem Menschen schon so manches gegeben. Plinius etwa berichtet auch, dass aus Kiefernholz Schreibgriffel gemacht wurden, indem man sie anspitzte wie Gänsekiele und dann monatelang in Mist gelagert aushärten ließ. Vitruv beschreibt, wie die Römer in eigenen Öfen oder rundum verschlossenen Hütten Kiefernholz verbrannten, um Rußschwarz zu gewinnen, das als Farbstoff von Malern und als Hauptzutat zur Herstellung von Tinte verwendet wurde.

Im alten Griechenland war die Kiefer ein Symbol der Jungfräulichkeit und darum der Göttin Artemis geweiht. Heilig war sie aber auch dem Pan, dem Gott der freien Natur. Einst begehrte Pan das Mädchen Pitys (so das griechische Wort für Kiefer) und stellte ihm nach, doch der eifersüchtige Nordwind Boreas trieb es in die Berge und es stürzte über eine Klippe. Die Mutter Erde aber hatte Mitleid und verwandelte Pitys in eine Kiefer. Wann immer Pitys den Hauch des Nordwinds spürt, vergießt sie ihre Tränen: die Harztropfen der Kiefer.

Unter den Kiefern zeigt die Berg- oder Krüppelkiefer, *Pinus mugo*, den größten Formenreichtum. Von Standort zu Standort, aber auch am gleichen Ort und (wie mir Fachleute versichert haben) sogar am selben Individuum, erscheint sie in veränderter Gestalt. Dennoch hält man sich zur Bestimmung besser an die Wuchsform als an das Aussehen der Zapfen.

Grob gesagt herrscht im Westen, in den Pyrenäen, den Westalpen und im Engadin die als *arborea* bezeichnete Form vor. Sie hat einen oder mehrere aufrecht wachsende schlanke Stämme, die bis zu fünfundzwanzig Meter hoch werden. In den Ostalpen, den Karpaten und auf dem Balkan begegnet man der in der Botanik als *prostrata,* niederliegend, bezeichneten Form der Latschenkiefer. Bei ihr breiten sich an einer Pflanze mehrere Schäfte flach bis zu zwanzig Meter weit über dem Erdboden aus, die jedoch nicht mehr als vier Meter hoch werden.

Die Rinde der Bergkiefer ist dunkel, fast grauschwarz; die Zweige stehen in Wirteln, d.h. zu zweien oder mehr am gleichen Knoten, ihre Spitzen weisen nach oben. Die drei bis acht Zentimeter langen Nadeln sind gerade, spitz und dunkelgrün, die männlichen Blüten gelb, die weiblichen violett. Die Zapfen fallen je nach Unterart unterschiedlich aus und werden zwischen drei und fünf Zentimeter lang. Die Samen darin sind nicht sehr groß, doch dank ihres Flügelhäutchens trägt der Wind sie an die entlegensten Orte. Die Bergkiefer blüht vom Spätfrühling bis in den Frühsommer, wenn die Schneehühner schlüpfen.

Im Gebirge wächst diese Kiefernart mit ihresgleichen oder im Mischwald neben Lärche, Fichte, Zirbelkiefer oder Grünerle. Die Krüppelkiefer kriecht über Geröllhalden und Gestein, Flächen und Klippen bis tief hinab in Felsspalten. So findet man sie bis weit an der Baumgrenze auf über zweitausend Meter Höhe. Damit trägt diese Art erheblich zum Schutz von Gebirgshängen bei: Die

Krüppelkiefer hält mit ihren Wurzeln Wasser und Erdreich und verhindert so, dass der Boden ausgewaschen und fortgespült wird. Vor allem die kriechende Wuchsform kann, solange sie nicht vollständig unter dem Schnee verschwindet, den Abgang von Schneelawinen aufhalten.

Aus den Trieben der Bergkiefer lässt sich Latschenöl brennen, eine Essenz, die ätherische Öle enthält. Diese wirken pflegend und entzündungshemmend auf die Atemwege und sind besonders für Kinder und Alte zu empfehlen.

Das Holz der Bergkiefer ist, außer als Brennholz, kaum zu gebrauchen, denn aufgrund der nur geringen Größe, die der Stamm erreicht, taugt es nicht als Baumaterial. In den kurzen Sommern hoch in den Bergen wächst es nur sehr langsam, deshalb ist es dicht und schwer, erträgt aber biegsam die Last von Wind und Schnee. Zwei oder drei Jahre nach dem Einschlag (der bei abnehmendem Mond geschehen muss!) brennt es am besten und gibt eine schöne Wärme. Das wissen auch die Almhirten, die es nach dem Fällen ›zwei Augustsommer‹ lang den Unbilden der Witterung und der Sonne überlassen. Schon auf den sommerlichen Ausflügen als Kind, und als ich älter wurde auch im Spätherbst auf der Jagdhütte, hat mich die Bergkiefer begleitet. Oft saß ich durchnässt von Schnee und Regen an ihrem Feuer, wärmte mich und trocknete meine Kleider.

Die Krüppelkiefer, die auf der Wiese vor meinem Haus in den Bergen wächst, habe ich vor genau zwanzig Jahren aus dem Gebirge bei Campo Filon mitgebracht. Ich war mit Ermanno Olmi dort, um

Aufnahmen zu seinem Film *I recuperanti* zu machen. In der Szene ist ein Blindgänger bedrohlich groß im Bild zu sehen, vor dem eine Schafherde vorüberzieht. Die Schafe hatten mit ihren Tritten die Erde aufgewühlt und die Wurzeln einer kleinen Krüppelkiefer freigescharrt. Ich nahm das Bäumchen mit und pflanzte es daheim in die Erde. Mittlerweile ist es viel höher gewachsen, als wenn ich es dort gelassen hätte. Statt tausend Meter weiter oben unter Wind und Schnee krumm über den Boden zu kriechen, hat es mehrere Hauptäste entwickelt, wie es die Bergkiefern in den Westalpen tun.

Seit keine Köhler mehr ihr Holz schlagen und so die Wege freihalten, können die hiesigen Bergkieferndickichte für Wanderer zum Problem werden. Auch mir ist es vergangene Woche passiert, dass ich eine Stunde lang im Regen umhergeirrt und über ihre kriechenden Äste gestolpert bin, bis ich, völlig erschöpft, genau dort wieder ankam, von wo ich aufgebrochen war.

Dass die Bergkiefer vom Menschen kaum noch genutzt wird, hat in den letzten Jahren nicht nur die Landschaft verändert, sondern auch den Lebensraum vieler Wildtiere. Heute begegnet man nicht selten Rehen mit ihren Kitzen auf ungewohnten Höhen. Dagegen sind Birkhühner und Schneehühner bei uns seltener geworden, weil sie hier keine geeignete Nahrung mehr finden.

Bis aus den beiden kleinen Zirbelkiefern vor meinem Haus große Bäume geworden sind, wird noch manches Jahr ins Land gehen. Doch wenn die Menschen bei Verstand bleiben und neue Generationen auf die heutigen folgen, werden einmal die Enkel meiner Enkel sagen können: ›Diese beiden Zirbeln hat der Großvater von unserem Großvater gepflanzt‹.

Die Zirbelkiefer, *Pinus cembra*, ist neben der Lärche wohl der schönste Baum in unserem Teil der Alpen. Der immergrüne gemeinschaftsbildende Baum wird zwar nicht so hoch wie Tanne und Fichte, kann jedoch über siebenhundert Jahre alt werden. Wo Blitze, Lawinen und Steinschlag den Stamm verkrüppeln, wächst er wohl krumm und schief, aber stets unverwechselbar. Hoch oben im Gebirge, zwischen 1500 und 2500 Metern, inmitten von Schneeflächen und Gletschern, Schotter und Fels, sind Zirbelkiefern oft die letzten Außenposten der Vegetation.

Zirbeln wachsen nur sehr langsam, ihre starken Äste schrauben sich krumm in die Höhe und bilden eine dichte Krone. Die Rinde ist grau und von tiefen Rissen längs des Stammes gezeichnet. Die zarten blaugrünen Nadeln stehen in Bündeln zu fünft zusammen und dauern so vier bis fünf Jahre aus. Die Zapfen werden acht Zentimeter lang (lässt man sie in Branntwein ziehen, geben sie diesem eine bernsteingoldene Färbung und eine angenehm milde harzige Note). Im zweiten Jahr reifen in den Zapfen die Samen heran, die von einer holzigen Hülle umgeben sind. Diese Zirbelnüsse sind ein Leckerbissen für Eichhörnchen und Tannenhäher. Oft verstecken die Tiere sie als Wintervorrat in Felsspalten und Erdlöchern. Werden sie dort vergessen, keimen sie im nächsten Frühjahr, und der Schössling streckt seine Wurzeln auf der Suche nach einem Krümel lebenspendender Erde tief zwischen Steine und Moos. Es ist immer wieder beeindruckend, auf einem Felsblock am Gletscherrand oder über einer Steilwand eine Zirbel zu entdecken.

Das Holz der Zirbelkiefer ist cremeweiß, der Kern rötlich braun, stark duftend und damit vor Insektenfraß geschützt. Seine feine Maserung und sein gleichmäßiger Wuchs machte es zum idealen Material für Bildschnitzer wie den venezianischen Rokokobildhauer Andrea Brustolon. Er schuf aus dem Holz der Zirbelkiefer mit großer Könnerschaft Altäre und Chorgestühle, aber auch Möbel, Wanderstäbe und Schnitzereien. Im 20. Jahrhundert diente Zirbelholz aus den heimischen Dolomiten dem Künstler Augusto Murer als Material für seine anrührenden Mutter-Kind-Figuren. Hier in den Bergen kennen die Leute es vor allem als das Holz, aus dem Hausrat und Möbel gemacht sind und die Stube getäfelt wird, um sie vor dem Frost eines langen Winters zu schützen.

Der Mammutbaum

Von den Bäumen vor meinem Haus wächst nur einer außerhalb seines natürlichen Verbreitungsgebiets: ein Mammutbaum, *Sequoia gigantea*. Heute ist er über sechs Meter hoch, doch so recht Fahrt aufgenommen hat sein Wachstum erst in den letzten Jahren. Als ich ihn pflanzte, Mitte der siebziger Jahre, maß er kaum mehr als einen halben Meter. Mit seiner aufstrebenden konischen Kronenform, den braunen, leicht hängenden Ästen und seinen grasgrünen, zwei bis fünf Millimeter langen, am Zweig anliegenden Nadeln, dazu seiner grau-braunen, in Stammrichtung tief gefurchten, am Fuß oft mit Flechten bewachsenen Borke ist er gut von den übrigen Nadelbäumen zu unterscheiden.

Mein Mammutbaum trägt noch keine Zapfen, dazu ist er zu jung; doch eines Tages werde ich das hoffentlich erleben. Sie sollten dann zirka fünf Zentimeter lang sein, anfangs aufrecht, später hängend, mit fünfundzwanzig Schuppen und kleinen, geflügelten Samen darunter. Vielleicht trägt der Wind sie dann an einen Ort mit guter Erde hier in den Bergen.

Das Holz des Mammutbaums, heißt es, sei leicht und weich, aber auch widerstandsfähig und vor Schädlingen geschützt. Sicherlich werde ich das Holz des Mammutbaums vor meinem Haus, der nun so gut angegangen ist, nicht selbst nutzen. Und ich bestimme hiermit, dass er wachsen und leben soll, solange die Natur es zulässt! Selbst wenn er einmal so groß werden sollte, dass er mit seinen Wurzeln das Haus zum Einsturz bringt.

Die Mammutbäume gehören in die Ordnung der Koniferen und die Familie der Sumpfzypressengewächse und kennen nur zwei Arten, *Sequoia gigantea* und *Sequoia sempervirens*. Vor Jahrmillionen waren Mammutbäume jedoch auf der gesamten Nordhalbkugel verbreitet und Paläontologen konnten aus Fossilienfunden gut vierzig heute ausgestorbene Arten rekonstruieren.

Vor einigen Jahren stießen Arbeiter einer Ziegelei in dem Örtchen Dunarobba bei Avigliano in Umbrien beim Graben nach Ton in dem dort sonst sehr lehmigen Boden auf eine Schicht ungewöhnlich harter Gesteinsbrocken. Sie ahnten sofort, dass es sich hier um etwas Besonderes handelte, und meldeten den Fund. Die aus Perugia herbeigerufenen Paläontologen erklärten ihnen daraufhin, dass es sich bei den ›Brocken‹ um versteinerte Baumstümpfe handelte. Nach und nach kamen auf einer Fläche von zwei Hektar gut fünfzig mächtige Stämme mit einem Umfang von über zwei Metern und zwischen sieben und zehn Metern Höhe zum Vorschein. Es handelte sich um die versteinerten Überreste von Mammutbäumen, die vor gut eineinhalb Millionen Jahren, im Altpleistozän also, dort wuchsen. Aus uns nicht bekannten Gründen starben sie irgendwann ab. Ihre Stümpfe aber blieben aufrecht stehen und sind nun ein einmaliges Beispiel für ›Pflanzenfossilien in Lebendposition‹.

Heute, Millionen Jahre später, beschränkt sich das natürliche Verbreitungsgebiet der *Sequoien* auf wenige Gegenden der Sierra Nevada in Kalifornien auf eintausendfünfhundert bis zweitausendfünfhundert Metern Höhe. Dort wachsen die ältesten Bäume der Erde, viele von ihnen sind Jahrhunderte alt (der älteste wird auf 4000 Jahre geschätzt). Aus hundert Meter Höhe, mit einem Stammdurchmesser über zehn Meter, so blicken sie auf den Menschen und seine Geschichte herab.

Seinen Namen gaben diesem Giganten des Pflanzenreichs die Ureinwohner Amerikas in Erinnerung an Sequoiah, den Erfinder der Schrift für die Cherokeesprache. In botanischen Handbüchern des 19. Jahrhunderts wird der Mammutbaum auch als *Wellingtonia gigantea* geführt. Louis Figuier bezeichnet in seiner *Naturgeschichte der Bäume* den Mammutbaum als ›Baum aus der Familie der Koniferen, den ein englischer Naturkundler namens Lobb auf einer Expedition in die Bergwelt Kaliforniens entdeckt haben soll.‹ Auch der Botaniker Karl Müller beschreibt in seinem *Buch der Pflanzenwelt* den Baum in seiner ganzen Majestät und merkt schließlich an: ›Lindsey hat ihn deshalb zu einer eigenen Gattung erhoben und *Wellingtonia gigantea* genannt. Solche Bäume finden sich im Umkreise einer Meile ungefähr neunzig. Sie stehen meist zu zweien oder dreien gruppiert auf einem fruchtbaren schwarzen, von einem Bache bewässerten Boden. Selbst die Goldgräber haben ihnen ihre Aufmerksamkeit geschenkt. Der eine heißt bei ihnen ›Miners's Cabin‹ und soll bei 300 Fuß Höhe eine 17 Fuß breite Höhlung im Stamm besitzen. Die ›Drei Schwestern‹ sind aus einer Wurzel entsprungen. Der ›Alte Junggeselle‹, von Stürmen zerzaust, führt ein einsames Leben. Die ›Familie‹ besteht aus einem Elternpaar und 24 Kindern.‹ Eine Vorstellung von den Ausmaßen des Mammutbaums – jeder Einzelne so groß wie ein ganzer Wald – vermittelt das ›General Sherman‹ getaufte Exemplar. Berechnungen zufolge hat das Holz dieses Baums ein Volumen von 1700 Kubikmetern, was in etwa der Festmeterzahl von 1000 ausgewachsenen Fichten in unseren Breiten entspricht.

Wie gelangte nun aber der junge Mammutbaumsetzling in den Garten vor meinem Haus? In den sechziger Jahren kam jedes Jahr im Sommer ein großgewachsener, magerer Herr nach Asiago. Ab und an begleitete er meinen Vater auf seinen Spaziergängen, und so lernte auch ich Signor Giuseppe aus Turin kennen. Und ich erfuhr, dass der allsommerliche Besuch des älteren Herrn mit der vornehmen Erscheinung einen bestimmten Grund hatte: Er war in den Jahren 1915 und 1916 als Infanteriesoldat der Brigade Ivrea hier auf der Hochebene stationiert und lag mit seinen Kameraden in einem Versteck im Wald, als am Morgen des 24. Mai 1915 ein Kanonenschuss den Eintritt Italiens in den Krieg gegen Österreich-Ungarn verkündete. Sechs Tage später unternahmen die Gebirgsjäger der beiden Bataillone Bassano und Brenta gemeinsam mit den Infanteristen der Brigade Ivrea einen Vorstoß auf die feindlichen Stellungen an der Straße nach Trient; sie erlitten dabei hohe Verluste. Im Jahr darauf, wieder war es im Mai, brach im selben Gebiet die ›Strafexpedition‹ der Österreicher gegen Italien los. Das Bataillon, in dem Signor Giuseppe Dienst tat, wurde unter schwerem Artilleriebeschuss fast völlig aufgerieben. Im Frontbericht heißt es: ›Die Gefechte am Monte Costesin waren von epischem Ausmaß.‹ Der Korrespondent der *Wiener Neuen Freien Presse* schildert die Situation schlicht als ›grauenerregendes Chaos.‹

Signor Giuseppe, der bei sich zu Hause in Turin einen schönen Garten pflegte, hatte das alles überlebt. In seinen letzten Lebensjahren kam er jeden Sommer zum Monte Costesin, wo noch heute die Spuren der grausamen Kämpfe von damals zu sehen sind. Eines Tages begleitete auch ich ihn auf seinem Gang; er sprach kein einziges Wort, doch als wir die Anhöhe erreichten, standen ihm Tränen in den Augen.

Als Signor Giuseppe aus Turin zum letzten Mal zu Besuch kam, schenkte er mir den Mammutbaumsetzling. Er hatte ihn eigens aus einer Baumschule nahe Pistoia am Hang des Apennin mitgebracht und bat mich: ›Pflanzen Sie den doch im Garten vor Ihrem Haus ein, als Erinnerung an mich und an die Kameraden, die hier im Gebirge ihr Leben lassen mussten!‹ Gemeinsam suchten wir dann eine Stelle für das Bäumchen aus. Wenn in den vergangenen Jahren der Schnee im Winter schwer auf seinen Zweigen lag, befreite ich es von seiner Last, und wenn der Wind es auszutrocknen drohte, sprühte ich Wasser auf sein Nadelkleid. Nun braucht es meine Hilfe nicht mehr, und auch meine Enkel wissen schon: Dies ist der Baum von Signor Giuseppe und seinen Kameraden von der Brigade Ivrea.

Die Buche

DER HERBST ist für mich die Zeit der Buche. Jeden Morgen trete ich in den Schuppen, in dem ihr Holz lagert. Ein Jahr lang lag es, vor Regen geschützt, an der Südwand des Hauses aufgestapelt in der Sonne. Nun brennt ein Buchenscheit mit heller Flamme im Ofen und schenkt mir gute, wohlige Wärme. Wenn ich so am Schreibtisch sitze, mit Blick auf den Winter in den Bergen und Wäldern rings umher, hilft sie mir, die unterbrochene Lektüre wieder aufzunehmen oder ein weißes Blatt Papier zur Hand zu nehmen und an einen Freund zu schreiben.

Schon als Kind spürte ich, dass Buchen ›von den Göttern gesegnet‹ sind, ohne doch recht zu wissen warum. Ich war vielleicht zehn Jahre alt, als ich das erste Mal mit meinem Vater und seinen Leuten in den Wald ging und beim Holzschlagen im Gemeindewald half. Im Herbst dann zogen Ackergäule die Stämme auf schweren Lastkarren bis zu den Häusern der Menschen. Auf den Höfen und an den Straßen türmte sich sauber gestapelt das Holz. Mit großen zweigriffigen Sägen, die der Krieg hier vergessen hatte, wurden die Stämme auf die richtige Länge für Kamin und Ofen gebracht, danach mit Äxten (auch sie aus Kriegszeiten) zu Viertelscheiten geschlagen. Im Dorf und in den Weilern waren alle eifrig beschäftigt, und wo Witwen oder Alte wohnten, gab es immer jemand, der beim Holzmachen zur Hand ging.

Gemeinsam mit dem Bruder meines Großvaters, der erst vor kurzem aus Amerika zurückgekehrt war, sägte ich auf einem Bock lange schwere Äste in Stücke. Dabei richtete ich es so ein, dass ein Mädchen aus der Nachbarschaft mir von seinem Balkon aus zuschauen konnte. Der gute Duft des Buchenholzes – vielmehr: der Späne, die aus der Kerbe rieselten – mischte sich mit dem Geruch nach Schnee, der von den Bergen im Norden her über das Dorf zog. (Später erfuhr ich, dass der Duft vom Phenol im Buchenholz kommt, aus dem Teeröl gewonnen wird.)

Von manchen Stämmen – sie mussten gerade gewachsen und dicht gemasert sein – wurden Stücke von oberhalb des Wurzelstocks zur Seite gelegt. Sorgsam entlang der Faserrichtung gespaltet, wurden sie zum Trocknen in die Veranda gehängt. Aus diesem Holz machte man später Griffe und Stiele aller Art: für Äxte, Fäustel und Hämmer, Spitzhacken und Schnitzwerkzeug. Denn das Holz der Buche schmiegt sich wie kein anderes der Hand des Menschen an, schon die Venezianer wussten das, sie pflegten ihre Buchenwälder sorgfältig, um Holz für die Ruder ihrer Galeeren zu haben.

Wo ein schön gewachsener Ast im richtigen Winkel aus dem Stamm ragte, wurde daraus ein Schlitten gemacht. Der Stamm wurde vorderseits abgerundet und gab die Kufe ab, der Ast die Stütze: alles aus einem Stück gewachsen. Auf eine Metallachse mit zwei Rädern montiert entstand daraus im Nu ein Handwagen für Wald und Feld. Wir Kinder aber stöberten nach Buchenholzstücken, aus denen sich Skier machen ließen. Man musste sie zu Brettern sägen und zwei Jahre liegen lassen; dann brachte man sie zu Giacometto Beht, dem Tischler im Dorf, er verstand sich darauf!

Wohl solcher Erinnerungen wegen beschloss ich, dass im Garten vor meinem Haus in den Bergen auch drei Buchen ihren Platz haben sollten. Die Setzlinge hatte ich in einem regnerischen Frühjahr im Gemeindewald ausgegraben und pflanzte sie ein, noch bevor sie Blätter trieben. Die Bäumchen waren kaum anderthalb Meter hoch, und weil Buchen Schatten und Feuchtigkeit lieben, setzte ich sie zwischen die Tannen und Spierlinge. Da wachsen sie nun und recken ihre Äste in die Höhe. Wenn es an der Zeit ist, dass die Tannen ausgelichtet werden müssen, können die Buchen ihre große runde Krone ausbreiten. Dann werden sie einen majestätischen Anblick bieten – bewundern werden dieses Naturschauspiel freilich erst meine Enkel.

Vergangenes Jahr im Herbst – denn das ist dazu die beste Jahreszeit – habe ich einen besonders schönen Buchenwald besucht. Er liegt an den Plitvicer Seen in Kroatien, und ich las dort eine Handvoll frisch vom Baum gefallene Bucheckern auf. Zu Hause steckte ich sie in einen Blumentopf und bedeckte sie mit ganz wenig Erde, denn Bucheckern gehören zu den oberirdisch (epigäisch) keimenden Pflanzensamen. In diesem Frühjahr sind sie aufgegangen. Heute sind die Schösslinge gerade einmal ein paar Zentimeter hoch, aber in fünfzig Jahren wird zu ihnen aufschauen, wer hier vorübergeht.

Fagus sylvatica, die Buche oder Rotbuche, gehört zu den gemeinschaftsliebenden Bäumen. Auf den Stock gesetzt, schlägt sie stark wieder aus. Der Stamm wächst gerade und gleichmäßig, im Wald streben die Äste nach oben, einzeln stehende Exemplare entwickeln stärkere Äste und eine runde Krone. Die Rinde ist hellgrau, glatt, oft mit weißlichen Flechten überzogen und oberhalb der Wurzel mit Moos bewachsen; frische Zweige gehen ins Grüngraue. Die einjährigen Blätter sind fünf bis zehn Zentimeter lang, leicht spitz-oval geformt und gewellt; dabei oberseits leuchtend grün, unterseits etwas blasser und ein wenig filzig. Wenn sie aus den Blattknospen brechen, sind Buchenblätter noch hellgrün und zart. Manchmal nasche ich sie dann vom Baum oder esse sie im Salat und muss an den Hunger denken, den wir in deutscher Gefangenschaft litten und den wir mit Buchenblättern zu stillen versuchten. Die Knospen selbst sind lang und dünn mit einer Hülle aus braunen Schuppen. Im Oktober-November entzünden die Buchenkronen im Herbstwald ihr gelb und rot leuchtendes Feuer.

Buchenwurzeln erstrecken sich weit und reichen tief in den Boden. Bei uns in den Bergen kriechen sie auf der Suche nach Leben um Felsblöcke herum und dringen in Spalten tief im Gestein, bis dorthin, wo Pioniervegetation schon Mutterboden gebildet hat. Buchenstämme liefern dichtes, festes Brennholz, das ausdauernd brennt und viel Wärme spendet (Buchenholzscheite gehören einfach zu einer winterlichen Weihnacht dazu!).

Die Buche ist einhäusig, die männlichen Blütenstände sind gelblich und hängend, die weiblichen stehen aufrecht und dicht beieinander. Die

Früchte, die Bucheckern, gelangen gegen Ende des Sommers zur Reife. In einer geschlossenen, stacheligen Kapsel mit vier ledrigen Lappen stecken bis zu drei, ungefähr eineinhalb Zentimeter lange, dreikantige Fruchtkörper.

Die Buche ist ein Laubbaum der atlantischen, weniger ausgeprägt der kontinentalen Zone. Ihr Verbreitungsgebiet erstreckt sich von Norwegen bis zum Schwarzen Meer und von den Südkarpaten bis auf die italienische Halbinsel. Dort finden wir sie auf dem Apenninrücken und in den Höhenlagen Siziliens; ebenso in den Pyrenäen, in Frankreich und England. Die Wuchsbedingungen der Buche haben einer eigenen Vegetationszone ihren Namen gegeben, dem *Fagetum,* angesiedelt zwischen dem wärmeren *Castanetum* und dem kühleren *Picetum*. Buchen wachsen in geschlossenen Beständen oder als Mischwald im Verbund mit Weißtannen oder anderen Laubbäumen, aber auch mit Lärchen, Fichten und Kiefern. Die Art mag lockere, durchlässige und frische Böden. Aufgrund ihrer Fähigkeit, günstige Wachstumsbedingungen selbst herzustellen, ist in Buchenwäldern der Boden besonders nährstoffreich. Die Buche schafft sich den Wald und erhält ihn am Leben.

Die Linde

Weshalb wohl ist die Sommerluft in der Abenddämmerung in diesem Jahr nicht vom Duft der Linden erfüllt? Jedes Jahr im Juli sammle ich einen Korb voll Lindenblüten und streue sie auf dem Speicher über einem Holzrost zum Trocknen aus. Sind sie trocken genug, fülle ich sie in große Gläser und stelle sie ins Dunkle. Im Winter dann, abends nach dem Essen, oder bevor ich zu Bett gehe, trinke ich eine Tasse Lindenblütentee mit einem Löffel Salbeihonig von den dalmatinischen Inseln. Der Trunk befreit die Atemwege und beschert einen ruhigen Schlaf.

Die Heilwirkung der Lindenblüten ist seit alter Zeit bekannt. Lindenblüten enthalten Zucker- und Gerbstoffe, Apfel- und Weinsteinsäure und ätherische Öle. Die Inhaltsstoffe wirken schweißtreibend, krampflösend und beruhigend. Zuweilen geraten sogar die Bienen, wenn sie besonders emsig an einer Linde ihren Nektar sammeln, in eine Art Betäubungszustand und liegen dann im Schatten der Bäume wie benommen im Gras.

Die Familie der Lindengewächse besteht allein aus der Gattung *Tilia.* In Italien wachsen nur drei Arten, doch es gibt sehr viel mehr; einige Autoren zählen achtzehn verschiedene Spezies, andere wiederum kommen auf ganze fünfundsechzig. Hierzulande am weitesten verbreitet ist die Winterlinde, *Tilia cordata.* Von den drei einheimischen Lindenarten ist sie mit einer Höhe von bis zu fünfundzwanzig Metern die kleinste. Groß und stattlich dagegen ist die Sommerlinde, *Tilia platyphyllos*. Als Baum erster Ordnung erreicht sie Wuchshöhen von fünfunddreißig bis vierzig Metern und einen Stammumfang von über zehn Metern. Die Sommerlinde gehört zu den sehr langlebigen Baumarten, zwei- oder dreihundert Jahre sind da nichts Besonderes. Schon in mittelalterlichen Chroniken werden einige große ehrwürdige Lindenbäume erwähnt, und manche von ihnen stehen bis heute, sind also gewiss älter als tausend Jahre wie das Exemplar in Neuenstadt in Württemberg. Uralt sind aber auch die Linde von Sant'Orso im Aostatal oder die drei Linden vom Widumhof in Aldein bei Bozen, die am Fuß einen Umfang von sieben Metern messen.

An eine *linta* – wie man auf Zimbrisch sagt, dem Dialekt meiner Heimat – kann auch ich mich erinnern. Groß war sie und mächtig und warf ihren Schatten auf die Häuser im ganzen Dorf; ihre Krone schien mir schön und geheimnisvoll wie ein ganzer Wald. Die Überlieferung berichtet, zu Füßen dieser Linde hätten sich einst alljährlich, zu Beginn der warmen Jahreszeit und zu Winteranfang, die von den Familienoberhäuptern gewählten Lenker unserer Gemeinschaft versammelt. Im Schatten der alten Linde berieten sie über die Einkünfte aus der Allmende, über die Bewirtschaftung der Wälder und Weiden und über die Beziehungen zu den Leuten im Tiefland und jenseits der Berge. Auch über den Unterhalt der von der Gemeinde gewählten Priester wurde gesprochen: sie durften sich nicht in die öffentlichen Angelegenheiten einmischen, sondern sollten sich allein mit der ›Sorge für die Seelen‹ befassen. Jahrhunderte später wurden an diesem Ort eine Kirche aus Holzstämmen und der Sitz des Bundes der Sieben Gemeinden errichtet, rustikal und nüchtern, aber nicht *heilig,* wie es die Linde war. Unsere *linta* hat alles gesehen: Feuersbrünste, den Durchmarsch bewaffneter Heere, Seuchen, aber auch Frohsinn und Feste, das ganze Leben der Leute. Und sogar den Großen Krieg hat sie überlebt, der doch kein Haus im Dorf stehen ließ. Als die Menschen 1919 nach Asiago zurückkehrten, lag alles in Trümmern, nur unsere *linta* war noch da. Auch sie war im Krieg verwundet worden, doch in jenem Frühjahr breitete sie über den Geruch des Todes ihren Blütenduft und ihr Blätterrauschen aus. Heute gibt es sie nicht mehr. Es hieß, sie hätte auf die umstehenden Häuser stürzen können. Auf dem Grundstück steht jetzt ein Mietshaus und nur wenige erinnern sich noch an die alte Gemeindelinde.

Der Stamm der Linde wächst gerade in die Höhe, an kalten Standorten teilt er sich aber meiner Beobachtung nach oft in mehrere Schäfte. Die Rinde junger Bäume ist glatt und graubraun, mit den Jahren wird sie dunkler, längsrissig und schrundig. Die Äste, kräftig und heller als der Stamm, breiten sich bei einzeln stehenden Bäumen auf halber Höhe seitlich aus. Im Wald streben sie, wie bei allen Bäumen, schlank nach oben. Die Krone ist dicht, rundlich und gleichmäßig geformt. Die vier auf sieben Zentimeter messenden, herzförmigen, oben spitz zulaufenden Blätter sind am Rand gesägt, an der Basis glatt und ihre Adern gut zu erkennen. Das Blatt selbst ist tiefgrün, an der

Unterseite heller und mit einem leichten Flaum bedeckt – doch wie wunderbar das Goldgelb, das diese Bäume uns im Herbst bescheren. Vom ›goldenen Reif der Linde‹ spricht Pasternak in einem seiner Gedichte, ›der glänzt wie der Kranz im Haar einer Braut‹.

Wie heller Bernstein im Sommerregen glänzen die Blüten der Linde. Sie sind zwittrig, an ihrem Stiel ist ein längliches Hüllblatt befestigt; die Kelchblätter umschließen fünf Kronblätter, aus denen ein ganzer Strauß von Staubblättern ragt. Die Linde blüht Mitte Juli, und bei günstigem Wetter werden die Bäume einer nach dem anderen von Myriaden von Insekten auf der Suche nach Nektar angeflogen. In seinem Gedicht *Lindenallee* schreibt Pasternak:

Doch bald erblüht der stille Garten,
die Linden, eingefasst vom Zaun,
verströmen Duft aus ihren Schatten,
unsagbar köstlich, weit im Raum.

Passanten tragen Sommerhüte
und seufzen im Vorübergehn;
den reinen Duft der Lindenblüte
kann nur die Bienenschar verstehn.

Tatsächlich hat Lindenhonig ein so intensives Aroma, dass nicht alle ihn mögen.

Die Früchte der Linde sind eiförmig, gut einen Zentimeter groß und holzig. Die Samen enthalten ein Öl, das in Aussehen und Geschmack dem der Olive gleicht. Lindenholz ist elfenbeinfarben-weiß mit schönem Seidenglanz, dabei ebenmäßig und weich. Da es nicht splittert, lässt es sich in alle Richtungen mühelos bearbeiten. Mehr als jedes andere Holz eignet es sich deshalb zum Schnitzen von Skulpturen; Insekten greifen es nicht an. Aus Lindenholz werden außerdem Holzschuhe gemacht, Schnitzrahmen, Verzierungen für Möbel, Reliefs; die aus ihm gebrannte Kohle eignet sich hervorragend als Zeichenkohle, früher wurde sie dem Schießpulver beigemischt.

Zeigen sich an größeren Ästen oder in Astgabeln ausgewachsener Linden buschige grüne Kissen, handelt es sich um Misteln (*Viscum album*); als Kinder pressten wir aus den Beeren dieser Misteln den Leim für unsere Vogelruten.

Am Urbeginn der Welt geschah es, so wird erzählt, dass die Nymphe Philyra, Tochter des Okeanos, mit Kronos, dem Vater des Zeus, schlief. Von Kronos' Weib Rhea ertappt, verwandelte dieser sich in einen Hengst und stob davon. Philyra aber gebar eine Kreatur, halb Mensch, halb Ross. Weil sie jedoch beim Stillen des Neugeborenen Widerwillen verspürte, bat sie die Götter, sie in ein anderes Wesen zu verwandeln und nahm die Gestalt einer Linde, griechisch *philýra,* an. Das kleine Ungeheuer aber wuchs heran und wurde zu Cheiron, dem weisesten aller Zentauren. Cheiron erwies sich als großer Arzt; die ihm verliehenen Heilkräfte hatte er mit Philyras Muttermilch eingesogen. Plinius rechnet die Linde zu den segensreichen Bäumen, denn aus ihrer Rinde ließen sich nach der Rotte Fasern ziehen, die lang genug waren, um daraus Bänder zu weben. Mit diesem Lindenbast wurden der Liebesgöttin Venus geweihte Kränze, aber auch Verbände für verwundete Krieger gewunden.

Einst waren viele Linden ›Gerichtsbäume‹, in deren Schatten sich die Ältesten und Weisen versammelten, um Recht zu sprechen. Wer einmal ins Val di Fiemme kommt, sollte den Park der Pfarrkirche von Cavalese besuchen. Dort stehen unter uralten Linden noch heute die Steinblöcke im Kreis, auf denen die Ältesten des Tals Platz nahmen, um Gericht zu halten; man nennt den Ort deshalb bis heute *Banco de la Resòn*.

Weshalb aber duften die Linden im Garten vor meinem Haus in diesem Jahr nicht wie sonst? Lag es am Winter ohne Schnee, am kalten Frühjahr, am verregneten Sommer? Oder an etwas, das der Mensch zu verantworten hat?

Die Eibe

Eibenzweige, abgerissen
bei des Mondes Finsternissen
SHAKESPEARE

MERKWÜRDIG, wie manchen Bäumen eine ganz widersprüchliche Symbolik beigelegt wurde. So gilt die Eibe zugleich als Baum des Todes und der Ewigkeit – vielleicht weil sie einer der langlebigsten Bäume ist, ihre Nadeln aber ein tödliches Gift enthalten? Doch wer interessiert sich heute noch für die Eibe? Mythen und Bräuche, zu denen der Mensch sich jahrtausendelang von der Welt der Bäume inspirieren ließ, gehen mehr und mehr verloren und verschwinden aus dem Bewusstsein.

Und dennoch hat jemand mir einen prächtigen Bergstock aus Eibenholz geschnitzt, hoch genug, um mit aufgestützten Armen das Fernglas zu halten, leicht genug für lange Wanderungen, stabil genug, um sich beim Abstieg über Geröll gegen das Gefälle zu stemmen. Der alte Herr, der ihn mir gemacht hat, betreibt das Schnitzhandwerk als Liebhaberei, und das Eibenholz hat er nicht nur seiner Materialeigenschaften, sondern auch seiner Schönheit wegen gewählt. Um die rotbraune Färbung aus dem Holz zu locken, hat er den Ast zunächst geglättet und dann poliert. Danach hat er ein Knotenmotiv in den Schaft geschnitzt, eine Arbeit, die viel Sorgfalt und Geduld erfordert.

Ein wahrer Meister darin war der Barockbildhauer Andrea Brustolon. Er schuf solch prächtige Stäbe für venezianische Adelige und, wer weiß, vielleicht auch für sich selbst, wenn er in die Berge des Cadoretals ging, bei einer Rast im Schatten einer Lärche sitzend. Heute sind diese Stäbe gesuchte Antiquitäten.

Bei uns in Italien gibt es keine Eibenwälder, die Art kommt zwischen Alpen und Küste nur vereinzelt vor. Als wollte sie sich vor der Welt verstecken, sucht die Eibe dichten Schatten und abgelegene Standorte. Sie wächst sehr langsam und lebt sehr lang; Legenden und schriftliche Überlieferungen nennen Schottland als das Land mit den ältesten Eiben, zweitausend Jahre sollen sie alt sein, so heißt es. Auch auf dem Monte Catria unweit des Einsiedlerklosters Fonte Avellana wächst eine tausendjährige Eibe mit einem Stammumfang von beinah fünf und einer Höhe von fünfzehn Metern. Auf Sardinien, in dem Ort Tadderieddu im Gennargentu-Gebirge steht ein knappes Dutzend unter der Last der Jahre sich krümmender Eiben. Es sind die Überbleibsel eines alten Eibenhains – haben sie die Zeit überdauert, weil sich ein unbekannter Kult um sie rankte?

Ein befreundeter Leser schrieb mir, dass er regelmäßig auf Fossiliensuche geht an einem Steilhang hoch über der ligurischen Küste, wo das Dolomitgestein aus der Trias vom Wasser zu bizarren Formen ausgewaschen wurde. Eines Tages stieß er in einer Felssenke auf einen Zwergwald aus winzigen Eiben. Die knapp dreißig Bäumchen waren kaum höher als vierzig Zentimeter, vegetierten auf winziger Krume und lebten von ein paar Tropfen Wasser. Auf seinen Exkursionen versäumt es mein Bekannter nie, diesem kleinen Wunder der Natur einen Besuch abzustatten. Eines Tages las er einen vom Steinschlag abgebrochenen Eibenast auf und nahm ihn mit. Daheim legte er einen Querschnitt an, polierte die Schnittfläche und zählte mit der Lupe die Ringe im Holz: Allein der Ast war einhundertfünfzig Jahre alt!

Im Tertiär, als der Mensch noch nicht auf der Erde erschienen war und die großen Gebirgsketten entstanden, war die Eibe weit verbreitet, wie Versteinerungen belegen. Heute kommt sie in Europa von Skandinavien bis zum Mittelmeer vor, im Westen bis Algerien, im Osten bis zum Kaukasus. Die Gattung *Taxus* umfasst nur eine einzige Spezies, die Europäische Eibe, *Taxus baccata*; auch die auf dem amerikanischen und asiatischen Kontinent vorkommenden Arten sind mit ihr verwandt.

Die Eibe zählt nicht zu den großen Bäumen, selten wird sie höher als fünfzehn Meter, oft erreicht sie nur Buschhöhe. Der gedrungene Stamm verzweigt sich nah über dem Boden, die tiefgrüne, leicht oval geformte Krone ist weit ausladend. Stamm und Äste sind rotbraun, mit den Jahren wird die Rinde rissig und löst sich in langen Fetzen vom Holz. Die Hauptäste sind wechselständig, die Nebenäste kürzer und zuweilen hängend. Frische Triebe sind grün, die Knospen klein und schuppig. Die Blattnadeln der Eibe gleichen ein wenig denen der Tanne: länglich, flach, leicht sichelförmig, dabei spitz, aber nicht stachelig, weich und biegsam. Oberseits sind sie dunkelgrün, an der Unterseite etwas heller und ins Gelbe changierend. Männliche und weibliche Blüten stehen an unterschiedlichen Individuen (die Eibe gehört also zu den zweihäusigen Pflanzen) und blühen zum Ende des Winters hin. Die männlichen Blüten stehen zahlreich in gelben Kätzchen an der Unterseite der Triebe; die weiblichen unterscheiden sich durch ihre ins Gelbliche spielende Farbe von den grünen Blattknospen. Die Frucht der Eibe ist ein sogenannter Arillus: Das im Herbst hellrot leuchtende Fruchtfleisch bildet eine Art Becher, in dem ein eiförmiger Same steckt, der erst im Jahr darauf keimt. Das Fruchtfleisch ist süß und, anders als die alten Griechen glaubten, auch für Menschen genießbar. Vögel betrachten die Früchte als Leckerbissen und tragen, weil der Same in einer harten Hülle steckt, zur Verbreitung der Eibe entlang ihrer Zugrouten bei.

Die Eibe liefert sehr gutes Holz; seine gelbliche Tönung und feine Maserung machen es zu einem gesuchten Tischlermaterial, das sich auch gut zum Drechseln und für Einlegearbeiten eignet. Außerdem ist Eibenholz sehr biegsam, deshalb war es vor der Erfindung der Feuerwaffen zur Herstellung von Bögen begehrt.

Heute werden Eiben meist nur noch als Ziergewächs in Gärten oder Parks gepflanzt. Doch vielleicht sollte man sie auch als Straßenbäume setzen, vor allem an windigen Stellen, schließlich ist die Eibe äußerst widerstandsfähig gegen Parasiten, Unwetter und Schneelast.

Der schöne kleine Baum, der ein so hohes Alter erreichen kann, war in der Antike den Furien und den Göttern der Unterwelt geweiht. Bis heute findet man ihn auf Friedhöfen, und in einigen Alpengegenden ist es Brauch, die Gräber der Verstorbenen mit Eibenzweigen zu schmücken, an denen noch die roten Früchte leuchten. Wohl deshalb wird die Eibe als *Albero della morte*, als ›Todesbaum‹ bezeichnet. Grund dafür ist aber auch, dass ihre Nadeln ein tödliches Gift enthalten. Andrea Mattioli, Botaniker des 16. Jahrhunderts, spekuliert deshalb, ob der Name *Taxus* wohl mit dem Begriff ›toxisch‹ zusammenhänge.

Schon in der Antike war die Giftwirkung der Eibe berüchtigt. Theophrast schreibt in seiner *Pflanzenkunde*, Vieh, das nicht zu den Wiederkäuern gehöre, könne an den unverdauten Nadeln der Eibe verenden, und Plinius berichtet in seiner *Naturgeschichte*, die Eiben Arkadiens besäßen ein derart starkes Gift, dass es ausreiche, in ihrem Schatten zu essen oder zu schlafen, um zu sterben, auch ließen sich mit dem Rauch brennender Eibennadeln Ratten und Mäuse beseitigen; dagegen hebe ein in den Stamm geschlagener Kupfernagel jede Giftwirkung auf.

Im sechsten Buch des *Gallischen Krieges* berichtet Cäsar, der Eburonenkönig Catuvolcus habe sich, innerlich aufgerieben von den Jahren des Krieges, mit Eibengift das Leben genommen. Bei Shakespeare sind es die Hexen auf der Heide, die im *Macbeth* ›Eibenzweige, abgerissen bei des Mondes Finsternissen‹ in ihren Kessel rühren. Eibensaft ist es auch, den Claudius im *Hamlet* in das Ohr des Königs träufelt, um ihn zu vergiften. Umgekehrt behaupten die Almhirten in den Westalpen, dass sich Viperngift mit einem auf die Bisswunde gestrichenen Brei aus Eibennadeln unschädlich machen lasse. Der schon zitierte Andrea Mattioli schließlich bemerkt in seinem Dioskurides-Kommentar, Vögel, die Eibenfrüchte gefressen hätten, bekämen schwarze Federn. Tatsächlich glaube ich, etwas Ähnliches beobachtet zu haben: Amseln zeigen im ersten Herbst nach dem Schlüpfen noch ein dunkelbraunes Gefieder, erst zu Winterbeginn, nach der ersten Mauser, werden sie schwarz – und wie alle Drosselvögel sind Amseln ganz versessen auf die grellroten Früchte der Eibe.

Die Esche

Der Hirsch beißt oben,
die Flanke fault,
von unten benagt sie der Nidhögg
SNORRI STURLUSON

GEN OSTEN, in der Nähe der alten Häuser, stand seit jeher eine Esche. Manche Eschen hier haben den Ersten Weltkrieg überdauert und breiten nun ihre Äste über Dächer und Wiesen. Singdrosseln und Krammetsvögel picken an ihren Früchten und verbreiten die Samen im Wald, wo sie nachts sitzen und schlafen. Zwischen Fichten und Buchen stehen dort nun einige junge Eschen und geben dem Wald etwas von dem Aussehen wieder, das er vor langer Zeit einmal gehabt haben muss.

Als mein Großvater nach dem Krieg zurückkehrte, um unser altes Haus wieder aufzubauen, pflanzte er im Garten an der Stelle des alten Eschenbaums, der dem Granatenfeuer zum Opfer gefallen war, einen neuen. Doch der blieb klein und die beiden Pappeln am Rand des Gartens überragten ihn bald. Dabei wartete ich ungeduldig, dass er größer würde, und maß jedes Jahr seinen Stamm, denn ich wollte Skier aus Eschenholz. Als ich dann aus meinem Krieg, dem Zweiten Weltkrieg, heimkehrte, war die junge Esche verschwunden, und dort, wo meine Mutter später ihre Dahlien zog, parken heute Autos. All dies mag dazu beigetragen haben, dass auch ich beschloss, an der

Nordseite des Gartens vor meinem Haus eine junge Esche einzupflanzen, die ich im Wald ausgegraben hatte. Sie wächst nun gerade in die Höhe, biegsam bei Wind und Schnee; erst langsam beginnt sie ihre Zweige auszustrecken, die aus den kleinen schwarzen Knospen sprießen. Dass die Äste dieser Esche bis zum Haus reichen, werde ich nicht mehr erleben, und meine Enkel werden ihr Holz nicht brauchen, um daraus Skier machen zu lassen, denn die sind heute aus Kunstharz. Wird sie also wachsen können, unsere Esche – wachsen und alt werden wie die uralten Eschen bei den Häusern drüben?

Das frage ich mich, denn das Dasein der Bäume wird immer beschwerlicher, und die Menschen besitzen keinen Sinn mehr für die Welt der Pflanzen. Der Brauch, eine Esche neben das Haus zu pflanzen, kommt ja aus weit zurückliegender Zeit, als man glaubte, die Menschen stammten von eben diesem Baum ab.

Als Gattung *Fraxinus* gehören die Eschen zu den Ölbaumgewächsen. Die insgesamt gut siebzig Arten dieser Gattung sind nur auf der Nordhalbkugel verbreitet. Sie gedeihen vom Mittelmeer bis Norwegen, in den italienischen Alpen bis zu einer Höhe von eintausendfünfhundert Metern. Eschen können bis zu dreißig, ja vierzig Meter hoch werden und drei bis vier Meter Stammumfang erreichen. Vor allem nördlich der Alpen existieren noch größere, oft mehrere Jahrhunderte alte Exemplare.

Der gerade aufwärts wachsende Stamm der Gemeinen Esche, *Fraxinus excelsior*, ist nur gering verzweigt; einzeln stehende Bäume entwickeln eine breite dichte Krone. Die anfangs glatte olivgrüne Rinde wird mit den Jahren grau, furchig und rissig. (Wie der Mensch im Alter doch den Bäumen gleicht.) Die sommergrüne Esche hat gefiederte Blattstände mit neun oder mehr am Blattstiel sitzenden, lanzettlichen, am Rand leicht gesägten Blättchen. Diese sind oberseits glatt und tiefgrün, unterseits blasser. Die von einem Flaum bedeckten Knospen sind dunkel, beinah kohlschwarz. Noch vor den Blättern erscheinen die ins Violette gehenden Blütenrispen. Die länglichen Früchte der Esche mit den keimfähigen Samen darin sind zwischen zwei und vier Zentimeter lang. Im Spätherbst oder Frühjahr werden sie vom Wind an dem Flügelhäutchen an ihrer Spitze fortgetragen, und auch die Vögel verbreiten sie.

Das Holz der Esche ist rötlich weiß und besitzt einen perlmuttartigen Glanz. Es dient zur Herstellung von Werkzeugstielen oder Sportgerät, als Tischlerholz, zum Wagenbau und für Holzgefäße. Große, gerade gewachsene Stämme liefern gutes Bauholz, ›riegelwüchsiges‹ Wurzelholz ist als ›graues Ebenholz‹ ein gesuchtes Material. Das Laub der Esche eignet sich frisch oder getrocknet gut als Viehfutter. Als Aufguss wirken Eschenblätter gegen Rheuma und als harntreibendes Mittel. Die Rinde wurde früher zum Ledergerben verwendet, aber auch als fiebersenkendes Naturheilmittel, denn ähnlich wie Weidenrinde enthält sie Salicin.

Die Spezies *Fraxinus ornus*, die Manna-Esche, sondert bei Verletzung der Rinde eine gelbliche Flüssigkeit ab, die sich an der Luft verfestigt. Die weiße Substanz schmeckt süß, löst sich leicht in

Wasser und kann als Erfrischung oder als mildes Abführmittel getrunken werden. Das Substrat wurde früher viel verwendet, allein in Venedig betrug der Verbrauch von aus Süditalien eingeführtem Eschen-Manna einst mehrere Tausend Pfund jährlich, im Gegenwert von zwanzigtausend Dukaten. Deshalb beschloss der Senat der Seerepublik, Eschen-Manna aus Wäldern innerhalb der eigenen Grenzen zu gewinnen. 1769 erklärte man auf den Rat des Paters Francesco da Cosenza alle Manna-Eschen Dalmatiens für ›unantastbar‹. Das Verbot galt selbst für die Besitzer der jeweiligen Ländereien. Das Ernterecht wurde staatlich vergeben, der Preis öffentlich festgesetzt. Das Vorhaben scheiterte jedoch, und per Dekret wurde 1790 die Mannaernte auch in den Staatsforsten wieder für jedermann freigegeben, ebenso der Verkauf an den Meistbietenden, so steht es bei Adolfo di Bérenger.

Die ertragreichsten Manna-Eschen wachsen in der Umgebung von Palermo auf Sizilien, denn dort herrschen genau jene Klima- und Bodenbedingungen, die diese Art zu ihrem Gedeihen benötigt; die Vegetationsperiode ist lang mit vielen Sonnenstunden und vergleichsweise wenig Niederschlag. In einer besonderen Technik, die den Baum möglichst schont, werden in den Sommermonaten an der Rinde jeden Tag horizontale Schnitte gesetzt. Aus diesen Schnitten tritt das Sekret aus und gerinnt, und das Manna kann abgesammelt werden – vorausgesetzt, dass es nicht regnet, denn dann löst es sich wieder auf und die Mühe war umsonst.

Die Griechen rechneten die Esche zu den segen- und fruchtspendenden Bäumen. Sie war der Rachegöttin Nemesis sowie den aus dem Blut des Uranos geborenen melischen Nymphen geweiht. Älteste Mythen lassen sogar die Menschen selbst als reife Frucht vom Eschenbaum fallen. Jenes in Hesiods Mythensammlung *Werke und Tage* erwähnte ›dritte Geschlecht‹ steht für die dorischen Invasoren, ein Volk von Viehzüchtern mit Waffen aus Bronze, rücksichtslos und grausam, das den Eschenbaum mit einem eigenen Kult ehrte.

Weit droben im Norden liegt dagegen der Ort, wo die Götter täglich unter einer ganz besonderen Esche Gericht halten: *Yggdrasil,* Schicksalsbaum, ist ihr Name. Sie reckt sich hoch zum Himmel, stützt das Himmelsgewölbe und breitet ihre Äste über die ganze Erde. Die Weltesche ruht auf drei Wurzeln: Eine erstreckt sich bis in die Dunkelwelt Niflheim, eine reicht bis nach Jötunheim zur Welt der Reifriesen, die dritte ragt in die Welt der Asen. An diesem Weltenbaum liegt der Urdbrunnen, wo die Nornen über das Geschick der Menschen entscheiden. Sie besprengen die Esche Yggdrasil mit Wasser und weißem Schlamm, dass sie nicht vertrockne, und ›von dort stammt der Tau, der im Tal fällt‹.

Die Seherin der *Völuspá* weiß von diesem Baum, noch ehe er war und sich über der Erde erhob. Kaum in seiner Fülle stehend, fressen auch schon zwei Hirsche von seinem Laub und eine Schlange nagt an seinen Wurzeln. So besingt Snorri Sturluson den Weltenbaum in der Edda:

Die Esche Yggdrasil
duldet Mühsal
mehr, als den Menschen bewusst ist.
Der Hirsch beißt oben,
die Flanke fault, von unten benagt sie
der Nidhögg.

Die Riesenesche der Sage, Weltenbaum und Weltachse, wird sie zum Sinnbild der tödlichen Gefahren, die von einem unkontrollierten technischen Fortschritt ausgehen, einer Entwicklung, die an den Wurzeln allen Lebens nagt und seine Quellen trübt?

Die Birke

So grüner Locken Zierde,
so mädchenhaft der Leib.
Was schaust du, schmale Birke,
hinunter in den Teich?
SERGEJ JESSENIN

ALS ICH ein kleiner Junge war, gehörte meine Aufmerksamkeit nicht den Birken. Vielmehr hatten es mir die großen Lärchen und Fichten angetan, und unter den Sträuchern waren es die Goldregenbüsche und Salweiden am Feldrand. Aus ihnen schnitt ich mir eine Gabel für meine Steinschleuder und Gerten für Pfeil und Bogen. Noch hatte ich für die Schönheit der Birke kein Auge. Wenn der Schnee schmolz, spielten wir zwischen schwarzweißen Birkenstämmen, ohne ihren Himmelszweigen Beachtung zu schenken. Auch der Brauch unserer Vorfahren, im Monat Mai dem Mädchen aus dem Dorf, in das man verliebt war, ein Birkenbäumchen mit frischem Grün vor die Haustür zu setzen, hat sich unter dem Einfluss der Mittelmeerkultur längst verloren.

Im keltischen Baumkalender eröffnet *Beth*, die Birke, in der Reihe der Monatsbäume das neue Mondjahr. Unter ihrem Zeichen stehen die Tage zwischen dem 24. Dezember und dem 21. Januar: die Birke als hell leuchtender Weltenbaum, Sinnbild des Wiederaufstiegs der Sonne am Kreisbogen des Firmaments.

Gemeinsam mit der Erle bildet die Birke die Familie der Betulazeen, der Birkengewächse. Botaniker verzeichnen vierzig verschiedene Spezies, die alle auf der Nordhalbkugel beheimatet sind. In Italien wachsen vor allem zwei Birkenarten: Weißbirke, *Betula verrucosa*, und Moorbirke, *Betula pubescens*; letztere ist in unseren Breiten eher selten, dafür in weiten Teilen Nordeuropas sehr verbreitet. Eine besondere Varietät Weißbirken mit dem Beinamen *aetnensis* kommt nur rund um den Ätna auf Sizilien vor, an dessen Vulkanhängen sie bis auf 2700 Meter Höhe anzutreffen ist. Die Ätna-Birke markiert zugleich die Südgrenze des Verbreitungsgebiets der Birkenfamilie.

Die Birkenbestände diesseits der Alpen sind Überreste der letzten Eiszeit. Meist wachsen Birken bei uns als Solitärbaum oder in kleinen Gruppen, die mit ihrer lebendig hellen Schattierung das dunkle Grün der Mischwälder auflockern. Hoch im Norden indessen trifft man auf ausgedehnte Birkenwälder, denn wie kaum ein anderer Baum verträgt die Birke starken Frost und starke Temperaturschwankungen.

Birken sind einhäusige, sommergrüne Gewächse; die männlichen Blütenstände, die länglich runden ›Kätzchen‹, treiben im Spätsommer, öffnen sich aber erst im nächsten Frühjahr, wenn die zarten weiblichen Blüten erscheinen. Die Samen reifen zwischen Juli und Oktober, und beim ersten Schnee picken Meise und Zeisig sie von den Zweigen. (Noch nie habe ich so viele dieser Vögel auf den vier Birken vor meinem Haus in den Bergen sitzen sehen wie im vergangenen Winter.)

Birken können zwanzig Meter oder höher werden, aber verglichen mit anderen Baumarten werden sie nicht sehr alt – Hundertjährige sind in ihrer Art eine Ausnahme. Der Stamm der Birke ist schlank, kreisrund und biegsam. Bricht er unter der Last von Schnee oder Wind einmal ab, verzweigt er sich stark. Das von dunklen Querrissen unterbrochene Weiß der dünnen glatten Rinde erklärt sich durch den hohen Betulingehalt der Birke. Bei älteren Exemplaren wird die Rinde am Fuß gelblich und bildet eine tief gefurchte Borke. Mit seinen nach oben gerichteten Hauptästen und den hängenden Zweigen gibt der schlanke Baum ein elegantes, beschwingtes Bild ab. An den Knospen sammeln die Bienen eine zähflüssige Substanz. Sie machen ihr Propolis daraus, eine mit Enzymen angereicherte, harzähnliche Masse, mit dem sie das Innere ihrer Bauten auskleiden (ich streiche mir in Alkohol gelöstes Propolis zur Desinfektion und schnelleren Wundheilung auf kleinere Verletzungen).

Das Laub der Birke ist leuchtend grün und glänzend an der Oberseite, unterseits blasser und ein klein wenig klebrig. Die rautenförmigen Blätter laufen spitz zu und sind an den Langseiten gesägt. Etliche Insekten ernähren sich von Birkenblättern, in manchen Jahren kommt es vor, dass sie die jungen Triebe fast kahl fressen. Das Wurzelwerk der Birke breitet sich nicht sehr tief aus, dafür ist es stark verzweigt; in unserer Gegend wurden Birkenwurzeln früher zum Binden verwendet, wenn Mangel an Seilen bestand.

Das in Splint wie Kern elfenbeinfarbene helle Holz der Birke ist gleichmäßig strukturiert, biegsam und gut zu bearbeiten. Es muss jedoch zunächst abgelagert werden, da es sehr stark eingeht, schade auch, dass es so leicht vom Holzwurm befallen wird. Birkenholz wurde schon immer für Rahmen, Kutschen- und Schiffsverzierungen, Möbel und Wanderstäbe sowie zum Drechseln und für andere anspruchsvolle Holzarbeiten benutzt. In nördlichen Breiten ist das Holz vom Fuß der Birkenstämme, der sogenannte ›Kragen‹, sehr gesucht; man fertigt daraus besonders gemaserte Möbel. Zur Herstellung von festem und zugleich leichtem Sperrholz, wie es noch heute im Flugzeugbau Verwendung findet, eignet sich Birkenholz besonders gut. Aber auch, um daraus Langlaufski zu machen. (Meine alten Birkenholzski bewahre ich bis heute neben den neuen leichten aus Kunststoff auf. Ich hüte sie wie einen Schatz, und wenn mich einmal die Schwermut überfällt, schlüpfe ich mit den Füßen in die Bindung und fühle mich für einen Augenblick wieder herrlich jung.) In Russland schnitzt man aus Birkenholz Becher, Löffel und anderen Hausrat, nicht zu vergessen die kunstvoll bemalten Lackschatullen aus Palech.

Aus Birkenrinde mit ihrem reichen Gehalt an Tannin und Betulin wird seit alter Zeit ein Gerbmittel gewonnen, das dem Material einen besonderen Geruch verleiht, der als ›Russisch Leder‹ bezeichnet wird. Die Rinde selbst lässt sich dank ihrer wasserfesten und wärmedämmenden Eigenschaften zu Schuhwerk, zu Abdeckplanen für Heuschober, zu Teppichen, Tabaksbeuteln, Matten und sogar zu einfachen Booten verarbeiten. In Hungerzeiten wie während des Zweiten Weltkriegs wurde die Rinde junger Birken zu Mehl gemahlen, um daraus Brot zu backen.

Vieles schenkt dieser Baum dem Menschen: Mit Alaun behandelte Birkenblätter ergeben einen grünen Farbstoff; Sud aus Birkenblättern und Tonerde eignet sich zum Gelbfärben von Wolle; und schlägt man im Frühling ein kleines Zapfröhrchen in den Stamm, rinnt Tropfen für Tropfen das Birkenwasser heraus. Es besitzt große Heilkräfte; die Mädchen verwenden Birkenwasser, um damit ihr Haar bernsteinfarben oder rotblond zu tönen, im leicht vergorenen Zustand wird aus dem Saft ein schwach alkoholisches, prickelndes Getränk.

Die Völker des Nordens lieben die Birke mehr als alle anderen Bäume; bei manchen wird sie sogar als göttliches Wesen verehrt, ihre Schamanen steigen auf ihnen in Trance in den Himmel hinauf.

Im Russischen wird *bereza*, die Birke, in vielen volkstümlichen Liebesliedern besungen. Für Sergej Jessenin, den engelsgleichen Dorfpoeten, der die Höhen und Tiefen der menschlichen Existenz durchmessen hat, ist die Birke Sinnbild ewiger Mädchenschönheit. ›So grüner Locken Zierde, / so mädchenhaft der Leib. / Was schaust du, / schmale Birke, / hinunter in den Teich?‹ heißt es in einem seiner Gedichte und an anderer Stelle: ›Schöpf mit Mondkrügen, Mitternachtswand, / die Milch der Birken geschickt!‹

Die Eberesche *und ihre Verwandten*

Vor ein paar Tagen hat es geregnet, nun sind die frisch gemähten Wiesen wieder grün und die Äste der Ebereschen biegen sich unter der Last der Früchte. Seit Jahren waren die Vogelbeeren nicht so schön und so üppig. Wenn das warme Wetter anhält, nehmen sie in einer Woche schon Farbe an, zuerst an den Ästen mit Südausrichtung, dann nach und nach die übrigen. Ende August dann, wenn der Baum die ersten Blätter verliert, hängen sie in großen Trauben rotglänzend in der Sonne – eine unwiderstehliche Verlockung für hungrige Zugvögel auf ihrem Weg von nördlich der Alpen!

So war es auch im Winter 1946/47, als ein Schwarm Seidenschwänze wie elegante lebendige Blüten auf den schneebedeckten Zweigen der Ebereschen saß. Damals standen in den Gärten zwischen den Häusern unseres Weilers noch viele dieser Bäume, und von meinem Büro im Gemeindeamt konnte ich den Seidenschwänzen zusehen, wie sie gierig nach den roten Beeren pickten. Ihr Treiben bedeutete eine willkommene Ablenkung von den staubigen Akten auf meinem Schreibtisch. Ich stand auf, trat ans Fenster und sah ihnen durch die Eisblumenstickerei auf den Scheiben aufmerksam zu. Mein Erscheinen störte sie nicht im mindesten; binnen kurzem war der Baum, auf dem sie sich niedergelassen hatten, bis auf die letzte Beere abgeweidet. Dann saßen sie mit vollgestopftem

Magen reglos da, bis sie die Überreste ausschieden, sodass der Schnee sich rot färbte, und sie zur nächsten Eberesche flogen, um ihr Mahl dort fortzusetzen. Eine Wolke aus Gelb und Rot und Schwarz und Weiß – wie verzaubert folgte mein Blick den Bewegungen der Vögel und registrierte, wie sich der pastellfarbene Schopf auf ihren Köpfen aufstellte. So hat auch Boris Pasternak sie in seinem Roman *Doktor Schiwago* beschrieben: ›Die Wintervögel, Gimpel und Meisen, deren Gefiederfarbe an frostkaltes Morgenrot erinnerte, setzten sich auf den Baum, pickten langsam, wählerisch die großen Beeren, streckten Hals und Köpfchen aufwärts und schluckten sie mühsam hinunter. Zwischen den Vögeln und dem Baum war eine lebendige Vertrautheit entstanden, als hätte dieser alles gesehen, sich lange gesträubt, dann aber nachgegeben, sich der Vöglein erbarmt, sich aufgetan und ihnen die Brust gegeben wie eine Amme dem Säugling. Was sollte ich auch mit euch machen, eßt schon, eßt von mir, labt euch an mir. Und lachte.‹

Wer weiß, ob die Seidenschwänze auch in diesem Jahr, das eine so reiche Ausbeute an Vogelbeeren verspricht, wiederkehren. Doch wenn es keine Seidenschwänze sind, werden gewiss Krammetsvögel und Bergfinken, Gimpel und Drosseln an den Beeren der Eberesche picken. Deshalb hat man hier in den Bergen auch früher am Dorfrand oder unmittelbar neben den Häusern Ebereschen gepflanzt. Angelockt von den roten Beeren kamen die Vögel jedes Jahr zu Winterbeginn herbei, um von den Früchten zu naschen. Dann war es ein Leichtes, sie mit Fallen oder Leimruten zu fangen oder mit der Schrotflinte zu schießen. Heute mag uns das grausam vorkommen, aber wir müssen uns in eine Zeit hineinversetzen, in der das Geld knapp, das Fleisch rar und der Hunger groß waren. Eine Pfanne Singvögel mit einer guten Portion Polenta war da für jedermann ein Festmahl.

Wir Kinder im Dorf aßen manchmal selber die Beeren, auch wenn sie etwas streng und säuerlich schmeckten. Und wir benutzten sie zum Spielen! Dazu höhlten wir einen Sommerfliederast aus und verwendeten ihn als Blasrohr, um uns gegenseitig mit Vogelbeeren zu beschießen, die wir vorher in den Bäumen gepflückt und in die Taschen unserer kurzen Hosen gestopft hatten. Die Mädchen fädelten die Beeren lieber zu Armbändern und Halsketten auf – wie reizend sie aussahen mit den roten Perlenketten an Hals und Handgelenk.

Die Gattung *Sorbus* gehört zur großen Familie der Rosenholzgewächse und umfasst über einhundert Arten, die auf der gesamten Nordhalbkugel anzutreffen sind. In Europa reicht ihr Verbreitungsgebiet vom Mittelmeer bis Island, in den italienischen Alpen erstreckt es sich bis zur Baumgrenze.

Vertreter dieser Gattung gehören zur mittleren Größenklasse, das heißt, sie werden fünfzehn bis zwanzig Meter hoch, mit einem Stammumfang von bis zu fünfzig Zentimetern, und wachsen teils auch in Strauchform. Der Speierling, *Sorbus domestica,* kann bis zu fünfhundert Jahre alt werden, die übrigen Arten nicht ganz so alt. Sie alle passen sich den unterschiedlichsten Klimabedingungen an und gedeihen in Laubwäldern ebenso wie unter Nadelbäumen, auf Lichtungen und an Berghängen.

Die meisten lieben sonnige Standorte, die Eberesche oder Vogelbeere, *Sorbus aucuparia*, wächst auch im Schatten.

Ihr Stamm ist schlank und rund, wo der Baum im Verbund steht, wächst die Krone locker nach oben; runder, breiter und dichter wird sie bei einzeln stehenden Exemplaren. Die Rinde ist aschgrau, glatt und blank, mit den Jahren dunkelt sie nach und bekommt zum Fuß hin tiefe Risse. Die Äste sind etwas dunkler als der Stamm und sehr biegsam, sie brechen auch unter der Last von Schnee und reicher Frucht nicht. Die frischen Triebe sind filzig behaart, die Knospen schuppig und bewimpert, das Wurzelwerk reicht weit in die Breite und Tiefe.

Die Blätter der verschiedenen Arten sind unterschiedlich aufgebaut. Die von Elsbeere, *Sorbus torminalis*, und Mehlbeere, *Sorbus aria*, sehen einander sehr ähnlich; sie sind eiförmig und gestielt, der Blattrand bei der Elsbeere ist etwas stärker gesägt. Die Vogelbeere dagegen hat unpaarig gefiederte Blätter, die frischen Fiederblättchen sind filzig behaart und lanzettlich geformt.

Das äußerst fein gemaserte Holz der Gattung *Sorbus* eignet sich sehr gut zum Drechseln und ist entsprechend gesucht. In den Alpen wurden aus diesem Holz früher an langen Winterabenden Dinge für den häuslichen Gebrauch geschnitzt, eine Arbeit, die viel Geduld und Geschick erfordert. Besonders schön ist der natürliche, ins Rötliche spielende Holzton. Das quer zur Faser gesägte Stirnholz wird als Druckstock für Holzschnitte verwendet, die Geigenbauer schätzen es, und früher wurde es auch im Getriebebau benutzt.

Andrea Mattioli schreibt in seinen *Discorsi* über die Eberesche: ›Sie treibt weiße Blüten gleich Schirmen; aus ihnen entstehen die Früchte, welche zu vielen von einem einzigen Trieb ausgehen. Werden die Beeren geschnitten, so sie noch rot und unreif sind, und sodann an der Sonne getrocknet, wirken sie zusammenziehend. In der Mühle gemahlen und als Polenta gegessen haben sie nämliche Wirkung; desgleichen, so man ihren Sud trinkt. Als Arznei eignen sie sich mehr denn als Speise. Bretter aus dem Holz dieses Baumes sind recht hart und fest, weshalb man Esstische und andere Dinge daraus macht, die lange währen sollen.‹

Im keltischen Baumkalender ist der Eberesche die Zeit vom 22. Januar bis zum 17. Februar zugeordnet, der Lichtmonat. Plinius zählt sie wegen der Farbe der Beeren zu den ›glücklichen‹ Bäumen.

Tatsächlich ist die Eberesche ein strahlender, freundlicher Baum. Sie würde sich gut als Alleebaum eignen, um mit ihrem Anblick die Menschen zu erfreuen und mit ihren Beeren den Hunger der Vögel zu stillen. Bei den Völkern des Nordens glaubte man in alter Zeit, eine neben Haus und Stall gepflanzte Eberesche halte Blitzschlag und Schadenszauber fern; mit einer Eschengabel als Wünschelrute ging man auf die Suche nach im Erdreich verborgenen Metallen. In Böhmen brennen die Bauern noch heute aus den Beeren der Eberesche einen aromatischen Obstler mit trockener Note.

Es war an einem Herbsttag in den Bergen, als ich bei einer Wanderung im Grödnertal auf eine ganz besondere Eberesche stieß. Der Baum war gewiss ebenso alt wie das Haus, vor dem er stand. Verzaubert blieb ich stehen und betrachtete das Farbenspiel von weißer Wand, tiefdunklen Holzläden und rotglänzenden, in schweren Trauben in der Sonne leuchtenden Beeren, das sein Licht über den gesamten Weiler breitete.

Die Kastanie

Bei uns in den Bergen, wo ich geboren wurde und wo ich lebe, wachsen keine Kastanienbäume, von denen sich Maronen ernten ließen. Das eher kontinentale Klima mit seinen jähen Temperaturunterschieden und der sehr kalkhaltige Boden lassen es nicht zu. Doch jetzt, da ich darüber nachdenke – vielleicht hätte ich doch ein oder zwei Kastanien im Garten vor meinem Haus pflanzen sollen, möglicherweise hätten sie dieses Jahr schon Maronen getragen für meine Enkel. An der Straße zu meinem Kindergarten standen große Rosskastanien, Ende Oktober spielten wir oft mit ihren Früchten – warum sollten in unseren Breiten nicht auch Maronen reifen?

Doch weshalb kamen unsere Vorfahren nie auf den Gedanken, diese Bäume hier in den Bergen anzupflanzen? Weil sie einst aus dem Norden eingewandert waren und andere Bäume ihnen von dorther mehr am Herzen lagen? Dabei gibt es am Fuß des Gebirges, zum Tiefland Venetiens hin, aber auch in Richtung Tirol, bis heute uralte Kastanienhaine (die Besitzer müssen sogar – weil ihre Mitbürger nicht mehr wissen, was sie doch wissen sollten – Schilder aufhängen, auf denen ›Kastaniensammeln ist Diebstahl‹ steht).

Mythen und Legenden um den Kastanienbaum sind mir keine bekannt, und ich konnte auch keine ausfindig machen, obgleich Theophrast, Plinius der Ältere, Ovid und anderen Autoren der Antike durchaus über die Kastanie geschrieben haben. Älteste Zeugnisse berichten, sie stamme vom Tmolos-Gebirge unweit von Sardes in Lydien, das einst berühmt war für seine Wälder. Von dort wurde sie nach Hellas verpflanzt, wo man ihre Früchte ›sardianische Eicheln‹ oder ›Eicheln des Zeus‹ nannte, mit anderen Worten: ein Geschenk der Vorsehung (so schreibt es Adolfo di Bérenger in seiner *Archeologia forestale*).

Griechen und Italiker lernten die Kunst, Bäume zu veredeln, um mehr und bessere Früchte von ihnen zu ernten, der Sage nach vom Gott Saturn. Waren diese Völker also die Ersten, die unsere ›Maronen‹ aßen? Plinius berichtet in seiner *Naturgeschichte,* wie ein gewisser Corellius aus Atestis auf den Gedanken verfiel, einem wilden Kastanienbaum einen Trieb aus der eigenen Krone einzupfropfen; auf diese Weise erntete er mehr und größere Früchte (daher *corellianae* genannt). Einer seiner Freigelassenen mit Namen Ätherius setzte demselben Baum später ein weiteres Mal ein Edelreis ein, woraufhin die Kastanienfrüchte noch wohlschmeckender wurden. ›So brachten der Zufall und die Laune des Menschen immer neue Formen der Veredelung hervor‹, kommentiert Bérenger.

Andrea Mattioli, der große Botaniker aus Siena, schrieb im 16. Jahrhundert in seinem Dioskurides-Kommentar über die Maronen: ›Ihre Frucht soll essen, wer von dem Gift getrunken hat, das Ephemeros genannt wird. Kastanien, in Sonderheit getrocknete, stillen Magen- und Leibfluss mit Macht und helfen, wenn einer Blut spuckt. Mit Äpfeln und Salz zerstoßen nützen sie, gibt man sie auf den Biss tollwütiger Hunde. Auch erweichen sie verhärtete Brustwarzen bei Stillenden, so man sie, vermischt mit Essig und Gerstenmehl, daraufstreicht.‹

Aus Mattiolis *Epistulae medicinales* erfährt man, dass in Konstantinopel Pferden, ›welche an Dämpfigkeit und Husten leiden‹, Kastanien ins Futter gegeben wurden, die deshalb ›Rosskastanien‹ genannt wurden (daher die botanische Bezeichnung *hippocastanum* für diese Spezies).

Eine Kastanie ist auch der bekannteste und vielleicht sogar älteste Baum Italiens. Der ›*Castagno dei cento cavalli*‹, die ›Hundert-Pferde-Kastanie‹, steht seit wahrscheinlich mehr als dreitausend Jahren in dem Ort Trecastagni im Schatten des Ätna auf Sizilien. Unter seiner Krone, so wird erzählt, fand einst Johanna von Aragon auf einem Ausritt zum Vulkan Obdach vor einem Gewitter, und mit ihr die hundert Ritter ihres Gefolges.

Heute sind es drei Bäume, die dem Dorf den Namen geben: sie messen zwölf, bzw. zwanzig und zweiundzwanzig Meter im Umfang und sind zwanzig Meter hoch. Der Überlieferung zufolge stand dort, wo sie jetzt stehen, bis vor einigen Jahrhunderten nur ein einziger Baum. Er soll fünfzig Meter Umfang gehabt haben und aus seinem Inneren soll ein kleine Hütte für einen Hirten samt Gehege für seine Schafe geschält worden sein. Sogar einen Ofen soll es darin gegeben haben, der mit Holz aus dem Stamm beheizt wurde. Eine Legende, nicht mehr – möglicherweise sind die drei mächtigen, jahrtausendealten Kastanien aus dem Stumpf eines älteren Baums hervorgesprossen. Wie kurzlebig sich unsere Gegenwart doch ausnimmt angesichts solcher Patriarchen aus dem Pflanzenreich.

Die Edelkastanie, *Castanea sativa,* gehört zur Familie der *Cupuliferae*, jedoch nicht der Kuppelform ihrer Krone wegen, sondern dank ihrer runden Fruchtkapseln.

Der starkwüchsige Baum kann bis fünfunddreißig Meter hoch werden, ist äußerst langlebig und von beeindruckendem Wuchs. Das kräftige Wurzelwerk reicht weit, wenn auch nicht sehr tief ins Erdreich. Der Stamm wächst aufrecht, teilt sich jedoch zuweilen nah über dem Boden in mehrere Schäfte. Die Äste sind unregelmäßig und kräftig, die braunen Knospen glatt und gedrungen. In ihrer Jugend glänzt die Rinde der Edelkastanie rotbraun und blank, mit den Jahren wird sie grau und rissig und löst sich spiralig vom Stamm. Ihre weit ausgreifende runde Krone ist von der anderer Bäume gut zu unterscheiden. Die einfachen, wechselständigen Blätter haben kurze Stiele und am Ansatz zwei Hautblättchen; die Blätter sind lanzettlich geformt, zehn bis zwanzig Zentimeter lang, vier bis acht Zentimeter breit und am Rand in Verlängerung der Blattnerven gezahnt. Die Blätter sind dunkelgrün, an der Oberseite glatt und glänzend, an der unteren blasser, fast gelb, mit erhabenen Adern.

Im Juni erscheinen am gleichen Baum männliche und weibliche Blüten, die männlichen in bis zu zwanzig Zentimeter langen Kätzchen. Aus dem Ansatz der männlichen sprießen die weiblichen Blütenstände, aus denen später die Frucht reift. An diesen Blüten sammeln die Bienen reichlich Pollen und Nektar; Honig aus Kastanientracht hat einen ganz eigenen, ein klein wenig bitteren Geschmack (den nicht jeder mag). Im Herbst reifen in den stacheligen, igelgleichen Kapseln der Edelkastanie die Maronen, wie wir sie kennen – manchmal nur eine, manchmal bis zu drei beieinander.

Die Zuchtsorten der Kastanie gehen in die Hunderte. An der Forstwirtschaftlichen Versuchsanstalt in Florenz existiert ein Zentrum für Kastanienforschung, dessen Aufgabe einzig darin besteht, Kreuzungen verschiedener Kastaniensorten zu beobachten und die Krankheiten, Schmarotzer und Schädlinge tierischer und pflanzlicher Natur zu studieren, die die heimischen Kastanienhaine bedrohen.

Das ursprüngliche Verbreitungsgebiet des Kastanienbaums entspricht ungefähr der Ausdehnung der antiken Mittelmeerkultur. Von dort wurde die Art überallhin getragen, wo sie gute Lebensbedingungen vorfand. Die Kastanie liebt die Sonne und saure Böden, sie wächst in Hügellagen und an Gebirgshängen bis tausend Meter und gedeiht ungefähr von oberhalb der Ölbaumzone bis zur Buchenzone. Edelkastanien können ganze Wälder bilden oder in Mischvegetation mit anderen Laubbäumen wachsen.

Nirgendwo sonst in Europa waren Kastanienhaine einst so häufig anzutreffen wie in Italien, der Holzertrag betrug dort früher einmal knapp eine Million Kubikmeter pro Jahr. Holz, das zu verschiedenen Zwecken verwendet wurde: als Tischlerholz, für Dachbalken, Fassdauben, Stollenstempel, als Telefon- und Strommasten; auch Gerbstoff wurde aus Kastanienholz gewonnen. Gutes Heizmaterial liefert die Kastanie dagegen nicht, es brennt schlecht und gibt nur wenig Hitze.

Wichtig waren in der Vergangenheit dagegen die Früchte des Kastanienbaums, die Maronen. Für die Menschen in den Bergen, vom Kaukasus bis nach Spanien, bedeuteten sie das täglich Brot. Am Vorabend von Allerseelen und am St. Martinstag war es vielerorts Brauch, Maronen zu essen und dazu vom neuen Wein zu trinken. Und von Maronen (so liest man es in ihren Briefen von fernen Frontlinien, an die man sie schickte, und aus den Gefangenenlagern, in die man sie sperrte) träumten auch unsere Soldaten in ihrem Hunger nach Nahrung und nach der Heimat.

Die Eichen

In der Familie der *Cupuliferae* ist die Gattung der Eichen mit mehr oder weniger dreihundert Arten die umfangreichste. In Europa sind ihre Vertreter fast überall anzutreffen, in wärmeren Lagen im Gebirge, im Tiefland in kälteren. In Italien sind vor allem Stieleiche und Traubeneiche, Stein- und Flaumeiche, die Ungarische und die Korkeiche, Zerreichen sowie die majestätischen Taboreichen verbreitet, schließlich die in Buschform wachsende Kermeseiche (die Wirtspflanze der Kermes-Schildlaus, aus deren Panzer früher teurer scharlachroter Farbstoff für Woll- und Seidenstoffe gewonnen wurde).

Manche Eichenarten verlieren im Herbst ihre Blätter, bei anderen bleiben sie am Zweig, bis neues Laub ausschlägt, wieder andere sind immergrün. So unterschiedlich die Blätter geformt sind, bei allen Eichen finden sich anfangs kleine Nebenblätter am Blattansatz. Eichen sind einhäusig; die kleineren, weiblichen Blüten stehen einzeln oder in Trauben, die ebenfalls nicht sehr großen männlichen bilden hängende Kätzchen; Blütezeit ist der Spätfrühling. Bei einigen Arten brauchen die Früchte, die Eicheln, zwei Jahre zum Reifen, bei anderen nur eins. Eichen sind allesamt robust und widerstandsfähig, einige erreichen eine Wuchshöhe von vierzig, fünfzig Metern und einen Stammumfang von acht bis zehn.

Am weitesten verbreitet ist die Stieleiche, *Quer-*

cus robur, die in einem Gebiet vom Ural bis zum Atlantik und vom Mittelmeer bis zur Nordsee gedeiht. Sie ist äußert langlebig und kann bis zu tausend Jahre alt werden. Ihr kräftiger Stamm gabelt sich und bildet eine unregelmäßig geformte breite Krone aus. Die Spitze bilden meist mehrere gerade Äste, ohne dass einer die anderen nennenswert überragen würde.

In ihrer Jugend ist die Rinde der Stieleiche glatt und grau, später wird sie schwarzbraun und zeigt krumme, in Stammrichtung verlaufende Risse. Die starken Äste sind unregelmäßig gekrümmt und blattlos, erst zum Ende hin tragen sie kleine, nah beieinander stehende Zweige, aus denen an der Spitze eng gebündelt die Blätter sprießen.

Die im Herbst abfallenden, einfachen Blätter der Stieleiche sind wechselständig mit kurzem Blattstiel, vier bis fünfzehn Zentimeter lang, zwei bis acht Zentimeter breit, am Ansatz spitz zulaufend. Im Ganzen länglich-oval, besitzt das Blatt fünf bis sieben rund umrissene Blattlappen. Die Oberseite zeigt ein glänzendes Dunkelgrün, die Blattunterseite ist heller und matter.

In Italien wächst diese Eichenart vor allem in nördlichen Regionen, in den Alpen steigt sie auf Höhenlagen bis zu zweitausend Meter. Sie bevorzugt frische, tiefe Böden ohne Staunässe und liebt sonnige Lagen, ist aber auch in Laubmischwäldern, vor allem in Gesellschaft mit Birken anzutreffen. Vor langer Zeit bedeckten dichte Stieleichenwälder das gesamte italienische Tiefland bis zum Fuß von Alpen und Apennin. An diesen einen großen Wald erinnern heute nur noch wenige isolierte

Gebiete. Das Holz der Stieleiche gehört zu den besten, es ist hart und fest, der Splint elfenbeinweiß, der Kern etwas dunkler, und die Markstrahlen sind deutlich ausgeprägt. Seit alter Zeit wird es gern im Schiffsbau, für Bodenplanken, Möbel und Vertäfelungen verwendet. Auch die Fässer, in denen edler Wein und starker Branntwein heranreifen, sind aus dem Holz der Stieleiche; die als ›Slawonische Eiche‹ bezeichnete, gern für Fassdauben verwendete Holzsorte stammt von kroatischen Stieleichen.

Aus Stieleichenstämmen sind aber auch Eisenbahnschwellen und Brückenpfeiler, kaum ein Holz ist dauerhafter. Im Feuer brennt es mit heller Flamme; über Holzkohle aus Stieleichen wurde einst Gold geschmolzen. Die Eicheln der Stieleiche sind von allen Angehörigen der Gattung die bekömmlichsten, denn sie enthalten wenig Gerbstoff und schmecken deshalb nicht bitter; bis vor nicht allzu langer Zeit dienten sie in Not- und Hungerzeiten als Nahrungsquelle.

Die Krone der Traubeneiche, *Quercus petraea*, ist regelmäßiger geformt als die der Stieleiche. Man findet sie von der Donau bis zu den Pyrenäen und bis nach England; sie meidet feuchte Ebenen und mag besonnte Berghänge bis auf Höhenlagen von eintausendfünfhundert Metern. Ihre Blätter haben zwei oder vier Lappen mehr als die der Stieleiche. Zuweilen wächst diese Eichenart im Verbund mit Buche und Hainbuche. Ihr Holz ist schwerer, aber nicht weniger brauchbar als das der Stieleiche.

Ein stattlicher und schöner Baum ist die Steineiche, *Quercus ilex*. Mit ihrem ganzjährig tiefgrünen

Blätterkleid prägt sie die Landschaften der Mittelmeerküste bis hinauf ins südliche Voralpenland. Sehr hoch wird sie nicht, meist nicht mehr als zwanzig Meter, und ihr Stamm erreicht kaum je den Umfang der Stiel- oder Traubeneichen, manchmal wächst sie auch nur als Strauch. Die Blätter stehen drei, vier Jahre am Trieb, bis sie abfallen; sie sind ledrig, länglich und am Rand gesägt. Das Holz der Steineiche ist dicht und schwer, dabei biegsam, wenn auch nicht einfach zu bearbeiten. Es eignet sich vor allem zum Wagenbau oder für Maschinenteile, die wie Spindelpressen oder Mahlwerke starker Beanspruchung ausgesetzt sind.

Viele große Maler haben Eichen auf ihren Bildern verewigt, Komponisten haben das Rauschen ihrer Blätter einzufangen versucht, doch die schönste Beschreibung einer Eiche gibt Lew Tolstoi in *Krieg und Frieden*: ›Am Wegesrand stand eine Eiche. Wohl zehnmal so alt wie die Birken, die den Wald bildeten, war sie zehnmal so dick und doppelt so hoch wie jede Birke. Es war ein gewaltiger Baum mit offenbar lange schon abgebrochenen Ästen und brüchiger, mit altem Schorf überzogener Rinde. Mit ihren gewaltigen, ungefüge und unsymmetrisch ausgestreckten, knorrigen Armen und Fingern stand sie, eine alte, zornige und hochmütige Missgeburt, zwischen all den lächelnden Birken. Nur sie allein wollte sich nicht dem Zauber des Frühlings unterwerfen, wollte weder den Frühling noch die Sonne sehen.‹ Bei diesem Anblick überlässt Andrej sich seinen schwermütigen Gedanken über den Frühling, das Leben und die Liebe.

Andrea Mattioli weiß Folgendes von der Heilkraft der Eiche zu berichten: ›Die Eiche hat sämtlich zusammenziehende Wirkung, in Sonderheit die feine Rinde zwischen Borke und Holz; gleichermaßen das Häutchen unter der Schale der Eicheln. Eichelsud wird bei Durchfällen, Magenfluss und Blutspucken verabreicht, in zerstoßener Form führt man sie in die weiblichen Schamteile ein, um den Blutfluss zu stillen. Innerlich helfen Eicheln gegen den Biss giftiger Tiere. Legt man frische Eichenblätter auf die Zunge, lindern sie Sodbrennen. Wäscht man sich mit Regenwasser aus hohlen Eichenstämmen, lässt dies die Geschwüre der Krätze abheilen.‹

Seit Menschengedenken wurde die Eiche ihrer Kraft und ihrer majestätischen Gestalt wegen verehrt. Sie galt als Urbild aller Bäume, und die schönsten Eichenwälder waren den Göttern geweiht und deshalb sakrosankt. Von den Eichen, so wollen es die Dichter der Antike, stammt sogar ein altes Menschengeschlecht ab. Evander, Erbauer der Feste auf dem römischen Kapitolshügel, schildert dem aus Troja geflohenen Aeneas die ersten Bewohner von Latium als ein ›Geschlecht von Männern, aus knorriger Eiche geboren.‹

Auch Nymphen und Dryaden, so weiß der griechische Dichter Kallimachos, stammen von Eichen ab und jubeln mit den Menschen gemeinsam, wenn der Regen sie erquickt. Um einen solchen Regen zu erflehen, schüttelten bei den Etruskern die Priester Zweige mit Eichenlaub gen Himmel. Die Stieleiche war dem obersten Gott heilig und wurde deshalb auch ›Baum des Jupiter‹ genannt. Zuvor gehörte sie dem Saturn; zu jener Zeit nährten sich die Menschen noch vom Fleisch ihrer Artgenossen. Um diesem grausamen Treiben ein Ende zu bereiten, wies Jupiter den Menschen die Früchte der Eiche als Speise an. Von nun an war die Eiche dem Jupiter geweiht und wurde unter die segensreichen Bäume gerechnet.

So groß war die Ehrfurcht vor den Eichen und ihren Wäldern, dass selbst Caesars Soldaten in Gallien sich weigerten, sie zu fällen. Sie fürchteten, wenn sie die Axt an sie legten, würden Blut und Tränen aus dem Holz strömen und ihre Schläge in der Schlacht auf sie selbst zurückfallen. Eichenhaine waren auch die ersten Gotteshäuser, denn unter ihrem Blätterdach versammelte sich das Volk, um seine Gebete an die Gottheit zu richten. Dort kam man zusammen und hörte den Rat der Alten. In nördlichen Ländern hielt dieser Brauch sich noch bis zum Ende des Mittelalters. Bis Anfang des Jahrhunderts gab es auch hier bei uns einen Ort, der *An schön Oachen* hieß und wo die germanische Seherin Ganna verehrt wurde. Auf Eichen wachsen schließlich jene heiligen Misteln, von denen die gallischen Druiden mit einer goldenen Sichel Zweige schnitten, um Opferstiere damit zu bekränzen. Es ist der gleiche Mistelzweig, den man Freunden zu Jahresbeginn mitbringt und als glückbringendes Zeichen über die Haustür hängt. Deshalb auch küssen sich unter einem Mistelzweig die Verliebten.

Der Ölbaum

Das erste mal, dass ich einen Ölbaum sah, ist nun schon viele Jahrzehnte her. Damals kamen jeden Samstag die Einkäufer mit den Eiern, die sie bei den Bauern der Gegend eingesammelt hatten, ins Dorf, um sie bei uns abzuliefern. Tausende Eier, die in unserem Haus lagerten, das mein Großvater nach dem Krieg wieder aufgebaut hatte. Am Donnerstag dann wurde die ganze Ladung nach Bassano geschickt, von wo ein Zwischenhändler sie in die großen Städte verkaufte. An einem Märzabend, ich war gerade fünfzehn, rief mein Großvater mich zu sich. Weder mein Vater noch mein Onkel hätten diesmal Zeit für die Fahrt ins Tal, deshalb müsse ich die Eier in Bassano abliefern. Dort solle ich mir die Zahlen auf der Markttafel genau anschauen, mit dem Großhändler einen Preis aushandeln, das Geld einstreichen und mich dann auf den Rückweg machen.

Olivenzweige kannte ich schon, denn am Palmsonntag stand ich wie alle anderen vor der Kirche und reckte einen Ölzweig in die Höhe. Während wir darauf warteten, dass der Pfarrer an das Portal schlug und dieses sich öffnete, schlugen wir Burschen mit diesen Zweigen nach den Mädchen in ihren weißen Kleidern. Diese Zweige waren es auch, die meine Mutter im Kamin verbrannte, wenn ein Gewitter in den Bergen hing und mein Vater dort unterwegs war. Einen Olivenhain hatte ich indes noch nie gesehen.

Der Weg hinunter nach Bassano führte durch Wälder, in denen noch Schnee lag. Und da sah ich sie, in einem Tälchen am Südhang. Die Mönche der Abtei Campese, ein Tochterkloster der großen Benediktinerabtei Cluny im Burgund, hatten sie einst gepflanzt. An den krummen, knorrigen Stämmen dieser altehrwürdigen Ölbäume – einige in der Mitte gespalten und ganz verwachsen – standen die Zweige, die ich bisher nur als ›Palmwedel‹ kannte. Ich sah sie durch das Fenster des Überlandbusses und war gerührt.

Mit fünfzehn ist man in alles verliebt. Und wenn einem die Liebe zu vielem mit der Zeit auch abhanden kommen kann – der Anblick eines Ölbaums weckt noch heute in mir die Empfindung von damals. Er erinnert mich an die Olivenhaine Apuliens, in denen wir unsere Zelte aufschlugen, bevor wir in Brindisi auf die Schiffe stiegen, die uns an die Front brachten; an die Ölbäume im Frühling 1941 nach einem strengen Winter bei Eis und Schnee in den albanischen Bergen; an die Olivenbäume zwischen Felsen und Feigenbäumen auf den dalmatinischen Inseln; an die Ölbäume von Sirmione inmitten der Ruinen einer Villa aus römischer Zeit und an jene im steinig trockenen Grund der ligurischen Küste, hoch über dem Meer (›Die Silberspitzen des Meeres glitten über den Himmel wie eine Erwiderung auf den Ruf der Ölbäume‹, schreibt Francesco Biamonti in *Vento largo*); an die Olivenpflanzungen in der kargen Landschaft der Provence mit ihren scharf duftenden Kräutern; an die Ölbäume in Portugal an den Ufern des Atlantik.

Die Spezies *Olea europaea sativa* umfasst sämtliche seit der Antike im Mittelmeerraum gezüchteten Kulturformen. Aber stammt sie selbst nun vom Wilden Ölbaum ab oder vom Oleaster? Die Meinungen der Botaniker in dieser Frage gehen auseinander, doch scheint sich die Überzeugung durchgesetzt zu haben, dass sich aus dem Oleaster die Wildform der Olive entwickelt hat und aus dieser wiederum der Europäische Ölbaum. Der Oleaster, *Olea oleaster*, wächst als stark verzweigter Strauch, kann sich aber auch zu einem bis zu zwanzig Meter hohen Baum entwickeln. An seinen Zweigen sitzen Dornen, seine Blätter sind elliptisch, manchmal auch rund und gut vier Zentimeter groß. Seine Früchte sind klein und kugelig und enthalten wenig Öl, die Blüten stehen in Trauben zusammen. Die Wildform des Ölbaums, knorriger und größer als die Kulturformen, kann zu einem stattlichen Baum emporwachsen, seine Blätter sind unterschiedlich geformt, seine Früchte verschieden groß. Alle drei Arten bedürfen der Pflege durch den Menschen, sich selbst überlassen wachsen sie zu struppigen Büschen aus und an ihrem Stammansatz bilden sich Verwachsungen und Wassertriebe.

Auf gut belüfteten, fruchtbaren Böden breiten Olivenbäume ihr Wurzelwerk dicht an der Oberfläche aus, auf felsigem Grund dringen die Wurzeln tief in Risse und Spalten im Gestein und suchen dort nach fruchtbarer Erde. Auf diese Weise gedeiht der Ölbaum auch auf steinigem Grund, wo Bäume anderer Arten nicht überleben würden.

Am Stammansatz, gerade unterhalb der Bodennarbe, verdickt sich der Stamm und bildet Knoten und Buckel. Bei sehr alten Exemplaren tritt dieser Strunk durch Erosion gelegentlich zu Tage. Oberhalb des Wurzelstrunks verjüngt sich der Stamm und wächst gerade empor. Erst wenn ein Ölbaum ein sehr hohes Alter erreicht, windet und krümmt sich auch sein Stamm in tausend Gestalten, bekommt Risse und hohle Stellen, gabelt sich und nimmt bizarre Wuchsformen an, die man mit Staunen betrachtet. Diese Formen zeigt, um ein Beispiel von vielen zu nennen, ein *olivastro,* ein Wilder Ölbaum in der Nähe von Luras in Sardinien, der über acht Meter im Umfang misst und zwanzig in der Höhe. Nicht weit von diesem Baumriesen entfernt wachsen zwei prächtige Oleaster. Einer von ihnen, ›*Il padre*‹, erreicht einen Stammumfang von elf Metern! Im Schatten der beiden Oleaster weiden Schafe, und das Alter dieser Bäume wird auf zweitausend Jahre geschätzt, es sind die letzten Überlebenden eines uralten Olivenhaines, in dem einst die Götter wohnten.

Alte Mythen berichten davon, wie Herakles Daktylos, Sohn des Zeus, vom Idagebirge nach Elis kam und dort zu Ehren seines Vaters die Olympischen Spiele ins Leben rief. Auf einer dem Kronos geweihten Anhöhe errichtete Herakles sechs Altäre für die Götter des Olymp. Doch der Boden war kahl und nackt, und so ging er in das Land der Hyperboräer. Dort gaben ihm die Priester des Apoll Oleasterzweige, auf dass er sie bei den Altären von Olympia einpflanze; mit ihren Zweigen wurden die Sieger in den dortigen Spielen bekränzt. So erzählt Pindar die Geschichte.

Doch wie sollten denn bei den Hyperboräern, dem Volk hoch droben im Norden der bewohnten Welt, Ölbäume wachsen? Glaubwürdiger scheint mir die Version, nach der Athene einen Ölzweig aus Libyen herbeibrachte, denn der Ölbaum ist dieser Göttin geweiht. Aus Olivenholz ist die Keule des Herakles, aber auch jene des Zyklopen der *Odyssee*. Auf der Flucht vor Poseidon erleidet Odysseus Schiffbruch, wird an Land gespült und findet schließlich Obdach unter zwei ›dicht ineinander verschlungenen Büschen des wilden und fruchtbaren Ölbaums‹. Unter ihrem undurchdringlichen Laubdach kann er endlich ausruhen von den Strapazen der Flucht. Aus dem Holz des Ölbaums ist schließlich auch der Pfosten, um welchen herum Odysseus in Ithaka sein Haus und sein Ehebett gebaut hat, ›hoch und langblättrig und wie eine Säule so stark.‹

Bei den Römern war der Ölbaum der Göttin Minerva geweiht. Siegreiche Feldherrn erhielten einen Kranz aus Ölzweigen. Die Römerinnen verwendeten mit Duftessenzen versetztes Olivenöl zur Schönheitspflege. Für alle Körperstellen gab es eine eigene Mischung, mit Rosen- oder Lilienduft, Majoran- und Lavendelaroma.

Wie um kaum einen anderen Baum ranken sich um den Ölbaum Sagen und Legenden. Wie könnte es auch anders sein, schenkt doch das Öl aus seinen Früchten dem Menschen Gesundheit und Schönheit, den Dichtern das Licht zum Schreiben und den Malern das Bindemittel, mit dem sie ihre Farben anrühren. Das Holz des Ölbaums ist fest und schwer, es lässt sich gut polieren und zu Einlegearbeiten verwenden, zum Drechseln oder für edles Parkett. Im Ofen brennt es mit heller Flamme und schenkt in grauen Winterabendstunden Wärme und Licht.

Die Weide

Wir hängten unsere Harfen
an die Weiden in jenem Land
PSALM 137

IN DEN kommenden Februartagen ist es wieder so weit: An den Salweiden schwellen die Kätzchen, und die Blütezeit beginnt. Die ersten tapferen Bienen aus meinen Stöcken werden über die noch schneebedeckten Wiesen hinweg ihren Weg zu den Blüten finden, um den ersten Pollen und den ersten Nektar des Jahres zu sammeln; mit ihm werden sie die Larven und Arbeitsbienen füttern und dem Bienenvolk nach erzwungener Winterruhe zu neuem Leben verhelfen. Sogar die Hasen werden ihre Paarungsspiele im Mondlicht auf verharschter Schneedecke unterbrechen und ihren Hunger an Knospen und frischer Rinde der Weidenbäume stillen.

Die Familie der Weidengewächse vereint in der Gattung *Salix* eine Vielzahl von Arten. Botaniker gehen von zirka dreihundert Weidenarten aus, die von den Kaltzonen bis in die gemäßigten Klimazonen der Erde weit verbreitet sind. Zu diesen Arten gehören Spezies mit einer Höhe von zwanzig und mehr Metern wie *Salix alba,* die Silberweide, auch als ›Stangenweide‹ bezeichnet, und andere, die so niedrig und winzig sind, dass man sie mit Gras oder mit Flechten auf einem Stein im Hochgebirge verwechseln könnte. Hierzu zählt *Salix herbacea,* die Krautweide, bei Carl von Linné als ›kleinster Baum auf Erden‹ benannt. In den italienischen Alpen ist dieses Relikt aus der Eiszeit noch auf Höhen über dreitausend Meter anzutreffen; Krautweiden gedeihen weit jenseits des Polarkreises.

Zwischen unterschiedlichen Weidenarten kommt es leicht zu Kreuzungen, weshalb zahlreiche Weidenhybride existieren mit unterschiedlicher Wuchsform und unterschiedlichem Aussehen. Die Trauerweide, *Salix babylonica* (Babylon, weil es in der Bibel heißt: ›An den Strömen von Babel, da saßen wir und weinten, wenn wir an Zion dachten. Wir hängten unsere Harfen an die Weiden in jenem Land‹), verdankt ihren Namen den lang herabhängenden Zweigen. Das Bild einer solchen Weide, die sich im Wasser eines Sees oder eines Flusses spiegelt, spricht von Wehmut und Melancholie.

Die größte Weidenart, die man in Italien antrifft, ist die Silberweide. Ihr Stamm ist gerade und ihre Krone breit, die Rinde rötlich-grau. An älteren Exemplaren reißt sie auf und löst sich in langen Streifen vom Stamm. Die lang aufstrebenden, gegabelten Äste leuchten silberhell, die Zweige sind gelblich und seidig glatt. Die Blätter der Silberweide besitzen die Form einer Lanzenspitze und sind am Rand leicht gesägt. Ihr Grün wechselt im Ton, jung sind die Blätter beidseitig silbrig behaart, später schillert es nur noch an der Unterseite silbern, daher der Name der Art.

Eine Unterart der Silberweide ist die Buntweide, *Salix alba* subsp. *vitellina*. Seit Urzeiten werden ihre langen biegsamen Triebe ungeschält zum

Flechten verwendet. Sie liefern das Material für Körbe jeglicher Art, für große und kleine Siebe und Seihen, Korbstühle und Kinderbettchen. In so einem Weidenkörbchen, das neben dem Bett unserer Mutter stand, schliefen wir Geschwister bis wir zwei Jahre alt waren. Die Reiser der Buntweide lassen sich aber auch zum Anbinden der Reben oder sogar zum Verschnüren von Holz- und Reisigbündeln verwenden. Buntweiden gedeihen in ganz Süd- und Mitteleuropa; im Gebirge steigen sie bis auf über tausend Meter hinauf. Kohle aus dem Holz dieser Weidenart war eine der Zutaten des Schießpulvers (heute wohl nur noch für Feuerwerk). Das Holz der Buntweide eignet sich kaum zu Tischlerarbeiten, aber gut zum Schnitzen von Holzschuhen.

Die Bruchweide, *Salix fragilis*, ähnelt der Silberweide, hat aber, wie ihr Name verrät, keine so biegsamen Zweige, dazu leicht klebrige Knospen und Blätter. Ihr Verbreitungsgebiet reicht vom Mittelmeer bis nach Skandinavien und Westasien. Als Rohstoffspender besitzt sie geringen Wert, als Umweltfaktor dafür einen umso größeren, denn Bruchweiden werden zur Festigung des Erdreichs an Dämmen und Deichen gepflanzt.

Die Korbweide, *Salix viminalis*, gehört zu den niedrig wachsenden Bäumen; sie wird selten höher als sieben oder acht Meter, wächst oft auch nur als Strauch. Korbweiden gedeihen an Flussufern und auf jedem Terrain, das regelmäßig überschwemmt wird. Ihre Rinde ist grau und glatt, mit den Jahren bricht sie rissig auf, und eine frische, gelbbraune Rindenschicht kommt zum Vorschein. Die Triebe sind ebenfalls glatt, fest und biegsam. Das Verbreitungsgebiet dieser Weidenart reicht von der europäischen Atlantikküste bis zum Pazifik auf der Höhe der japanischen Inseln und überall dort werden ihre Gerten zum Korbflechten benutzt: für Körbe zum Transport auf Lasttieren und Kähnen, auf Schlitten und Wagen, sowie als Flechtwerk für Erdwälle und Zäune. Die Ruten dieser niedrig wachsenden Weidenart können bis zu vier Meter lang werden; sie sind biegsam und fest, nicht verzweigt und auch sie werden vor dem Flechten nicht geschält. Erwähnung verdient schließlich, dass der Viminal, einer der sieben Hügel Roms, seinen Namen in Erinnerung an die dort einst wachsenden Weiden der Spezies *Salix viminalis* erhielt.

Von den zwei Dutzend Weidenarten und den gut fünfzig Hybridsorten, die in Italien gedeihen, habe ich hier nur einige wenige beschreiben können. Allen gemeinsam sind die von einer einzelnen Hülle wie von einer Art Kapuze bedeckten Blütenknospen, sowie die Anordnung und Form der Blätter: einfach, wechselständig, lanzettlich bis elliptisch, mit kurzem Blattstiel, am Rand leicht gezähnt, mit meist hellerer Unterseite. Weiden gehören zu den zweihäusigen Pflanzen, männliche und weibliche Blütenstände sitzen an unterschiedlichen Individuen. Die männlichen Kätzchen stehen nach unten oder zur Seite, sind gelb-weißlich mit einem schönen violetten Unterton, die weiblichen gehen eher ins Grünliche. Bei vielen Arten erscheinen männliche wie weibliche Blütenstände noch vor den Blättern. Die Blütezeit dauert von

Februar bis Juni, bei den Krautweiden sogar bis August (an der Grivolaspitze wurden Exemplare dieser zu den Glazialrelikten gerechneten Art in 3400 Meter Höhe entdeckt). Die Frucht reift schon wenige Tage nachdem die Kätzchen sich öffnen, das winzige Samenkorn wird an einem fedrigen Pappushaar vom Wind fortgetragen.

Antike Dichter überliefern, dass mit Weidenlaub die Wiege neugeborener Kinder geschmückt wurde. Die griechische Sage erzählt, dass Zeus von seiner Mutter Rhea unter einem Weidenstrauch zur Welt gebracht wurde. Rhea verbarg die Wiege mit dem Neugeborenen zwischen den Zweigen der Weide vor seinem Vater Kronos, der es zu verschlingen drohte, aus Angst, der Sohn würde ihn vom Thron stoßen. Die Ziege Amalthea säugte den kleinen Zeus, sie selbst aber nährte sich von den Blättern der Weide. Seit dieser Zeit, so die Sage, fressen die Ziegen mit Vorliebe Weidenlaub und Weidenzweige. Deshalb auch vergab Carl von Linné an die Berg- oder Salweide den botanischen Namen *Salix caprea,* ›Ziegen-Weide‹. Und an dieser Weidenart sammeln jedes Jahr im späten Februar meine Bienen den ersten Pollen und den ersten Nektar.

In Andrea Mattiolis Pflanzenbuch liest man über die Weide unter anderem dies: ›Nimmt ein Weib Weidenblätter mit nichts als etwas Wasser ein, kann sie nicht schwanger werden. Ein Trunk aus den Samen der Weide hemmt das Blutspucken, das gleiche bewirkt auch die Rinde. Asche von Weidenholz, in Essig ausgezogen, hilft als Aufstrich gegen Warzen und Schwielen. Kocht man den Saft von Blättern und Rinde mit Rosenöl und Granatschalen, lindert er Ohrenschmerzen, siedet man diese gemeinsam ab, hilft der Dampf gegen die Gicht. Der Saft der Weide lässt sich gewinnen, indem man zur Zeit, da sie Blüten treibt, die Rinde anschneidet; an diesen Stellen findet sich der geronnene Saft; dieser hilft bei jeder Art Trübung des Augenlichts.‹ Auch vermerkt Mattioli in seinem Kommentar: ›Wem ein Buckel zu wachsen beginnt, dem sei empfohlen, Weidensud in eine Wanne mit heißem Wasser zu geben und darin ein Bad zu nehmen. Ein solches Bad nämlich löst auf wundersame Weise alle Geschwüre.‹ Der Botaniker des 16. Jahrhunderts gibt noch weitere Ratschläge zur Verwendung der Weide und ihrer Bestandteile, denen manche Autoren eine schier unbegrenzte Heilkraft zuschreiben, und schließt: ›Sollten sie aber recht haben, ließe die Weide sich noch gegen manch andere Krankheit einsetzen.‹ Tatsächlich wurde ein bis heute viel verwendeter Arzneistoff zur Schmerzlinderung und Fiebersenkung ursprünglich aus im Mörser zerstoßener Weidenrinde gewonnen: das Salicin und seine Derivate, das jetzt meist synthetisch hergestellt wird.

In alten Büchern las ich, dass in Russland und in Deutschland früher aus Weidenrinde ein Mittel zum Gerben von Leder und zum Färben von Stoffen gewonnen wurde. Dort erfuhr ich auch, dass feuchtes Weidenholz aufgrund einer inwendigen Molekülbewegung phosphoresziert; vor allem Kindern könne das einen großen Schreck einjagen, da ihnen diese Zusammenhänge noch verborgen seien.

In der Antike war die Silberweide als Sinnbild jungfräulicher Keuschheit der Göttin Isis geweiht, die Trauerweide dagegen Hera; als Mondbaum war die Weide der Gottheit Hekate heilig. Zum Erhalt und zur Bewirtschaftung ihrer Weidenhaine (berühmt waren jene des antiken Minturnae) besaßen die Römer eigene Aufseher, *salictarii* genannt. Die *Lex Aquilia*, ein Gesetz aus dem Jahr 467 nach der Gründung Roms sah für das Fällen eines noch nicht schlagreifen Weidenbaums oder die Zerstörung von Kopfweidenstämmen Strafe und Schadensersatz vor. Auch das Statut von Sarzana in Ligurien, gedruckt zu Parma im Jahre 1529, untersagte das Fällen von Weidenbäumen entlang von Flüssen und Bächen, da diese den Boden festigten.

So vieles verdanken die Menschen dem bescheidenen und doch so freigebigen Weidenbaum – dieselben Menschen, die in ihren Automobilen und Hochgeschwindigkeitszügen an ihm vorbeirasen, ohne ihn auch nur eines Blickes zu würdigen.

Die Walnuss

Wie des Abends
unterm Nussbaum
du geflüstert,
kannst erinnern dich?
VOLKSLIED

IM GARTEN vor meinem Haus ist der Nussbaum der letzte, der im Frühjahr seine grün-braunen Blätter treibt, gleich nach dem glänzend grünen Goldregen. In den Tagen der ersten Maihälfte liegt frühmorgens und wenn der Abend dämmert bittersüßer Walnussduft in der Luft; im Herbst zerreibe ich gerne Walnussblätter zwischen meinen Händen und atme dieses ganz besondere Aroma auf der Haut ein.

Der Nussbaum vor meinem Haus ist wahrscheinlich der am höchsten gelegene im gesamten Umkreis. Ein Freund, der im Tal auf dem Land lebt, hat ihn mir geschenkt. Als er ihn mir brachte, war ich zunächst skeptisch: ›Nussbäume wachsen nur weiter südlich‹, wandte ich ein, ›hier auf der Hochebene sind wir zu weit im Gebirge!‹

›Versuchs einfach‹, beharrte er, ›die Ecke dort drüben ist vor Nordwind geschützt und nach Süden ausgerichtet, da wird er schon austreiben, wirst sehen!‹

Also grub ich ein breites, recht tiefes Pflanzloch für den Setzling und gab noch schwarze Walderde und gut durchgereiften Mist dazu. ›Abwarten‹, sagte ich mir, immer noch skeptisch, ›Nussbäume wachsen weiter unten im Hügelland oder an den Hängen zwischen Schio und Bassano. Hier sind wir viel weiter oben, und es liegen noch Buchen- und Nadelwälder dazwischen ... nun, man wird sehen.‹

Als der Juni kam, hatte der kleine Nussbaum seine Knospen geöffnet und zaghaft einige wenige Blättchen sprießen lassen. Im Herbst war er der letzte, der sein Laub verlor, dann deckte Schnee ihn zu. Im darauffolgenden Frühjahr legten Kiefer, Ahorn, Linde, Buche, Kirsch- und Pflaumenbaum schon ihr grünes Blätterkleid an – nur er stand stocksteif da ohne ein Lebenszeichen. Es fehlte nicht viel, und ich hätte ihn bis über der Wurzel gekappt.

›Lass ihn noch stehen‹, riet mir mein Freund, als er zu Besuch kam, ›vielleicht steckt noch Leben drin.‹ Und so kam es, dass ich eines Morgens das Fenster öffnete und der Duft des Nussbäumchens, das schließlich doch seine Knospen geöffnet hatte, zu mir heraufwehte.

Das ist nun zwanzig Jahre her, das Bäumchen ist heute etwa zehn Meter hoch und trägt sogar schon die ersten Nüsse. Nicht eben viele, aber wenn es ein gutes Jahr wird, kann ich vielleicht einen halben Korb voll aufsammeln – vorausgesetzt, die Eichhörnchen stibitzen sie mir nicht vorher vom Baum. Eine echte Rarität: Walnüssse, geerntet auf eintausendeinhundert Höhenmetern, wo Temperatursprünge von bis zu fünfzig Grad Celsius keine Seltenheit sind.

Der Echte Walnussbaum, *Juglans regia*, gehört zur Familie der Walnussgewächse und ist der einzige einheimische Vertreter dieser Familie in Europa. Insgesamt existieren ungefähr vierzig Arten innerhalb dieser Gattung, sämtlich auf der Nordhalbkugel beheimatet. Zu uns kam der Walnussbaum vor sehr langer Zeit aus den Regionen Asiens, sein ursprüngliches Verbreitungsgebiet reicht von China über Indien bis zur Türkei und auf den Balkan. In jüngerer Zeit wurden fremde Arten wie die Schwarznuss, *Juglans nigra*, aus Nordamerika auch in Italien eingeführt; sie verdankt ihren Namen dem dunkel gefärbten Holz. Manche halten es für schöner als das heimische, meiner Ansicht nach zu Unrecht. Oft wird die Echte Walnuss einfach als Nussbaum bezeichnet, obschon auch andere Bäume Früchte mit vergleichbar harter Schale hervorbringen.

Walnussbäume brauchen Licht, sie wachsen bevorzugt auf tiefgründigen, frischen und nährstoffreichen Böden. Die Art gehört zu den typischen Vertretern der Vegetationsstufe des *Castanetum*. In größere Höhen dringt sie in der Regel nicht vor, denn Kälte bekommt der Walnuss nicht, und zum Fruchten braucht sie gleichmäßigen Niederschlag. Nussbäume gesellen sich gern zu ihresgleichen, bilden aber keine eigentlichen Wälder, und in dichtem Schatten gehen sie ein. Darum findet man sie oft in der Nachbarschaft von Gehöften, an Straßenrändern, in Talgründen, inmitten von Äckern oder Wiesen. Auch an talwärts gerichteten, ins Hügelland übergehenden Bergflanken sieht man schöne Nussbaumhaine. Manche Familien, ja ganze Orte, verdanken der Walnuss ihren Namen: Nogara, Dalle Nogare, Nogarole, Nus, Nocera, Noceto,

Nogaredo ... Dabei sind die ältesten und erhabensten Nussbäume längst gefällt und ihr Holz für viel Geld an Hersteller von ›Stilmöbeln‹ verschachert worden. Dennoch sollte auch bei uns, wie andernorts in Europa, der Anbau von Walnussbäumen gefördert werden, denn mehr noch als die Nüsse ist das Holz von großer wirtschaftlicher Bedeutung.

Die Walnuss gehört zu den Bäumen mittlerer Größenordnung, selten erreicht sie die Dreißig-Meter-Marke. Sie ist langlebig, wird aber nie älter als dreihundert Jahre. Der kräftige, gerade Stamm gabelt sich bald in mehrere starke Hauptäste. Diese bilden eine breite, zunächst einem Spitzbogen gleichende, dann runde Krone. An jungen Bäumen ist die Rinde noch glatt und hellgrau, später bricht sie auf und bildet tiefe, lange Furchen. Das Astwerk, zunächst braun, wird mit der Zeit ebenfalls heller, die Zweige sind kurz und recht dick, die Knospen von einer haarigen Hülle geschützt. Der Walnussbaum hat unpaarig gefiederte Blätter, das heißt, an der Hauptachse stehen einander jeweils vier oder acht Einzelblätter paarweise gegenüber sowie eines an der Spitze der Blattachse, sodass sich eine ungerade Gesamtzahl ergibt. Die Blättchen sind leicht samtig, ihr Grün ist dicht und dunkel an der Oberseite, unterseits blasser. Der durchdringende Geruch der Blätter rührt von dem reichlich enthaltenen Gerbstoff her. Walnussbäume sind einhäusig: die grünbraunen, hängenden männlichen Kätzchen sitzen unmittelbar am Zweig, sind gut zehn Zentimeter lang und erscheinen an den vorjährigen Trieben; die weiblichen Blüten stehen in Büscheln an den diesjährigen Triebspitzen.

Die Frucht des Walnussbaums, die uns so vertraute Walnuss, gehört zu den Schließfrüchten, sie öffnet sich bei Reife also nicht von allein. Der äußere grüne, fleischige Mantel bildet das Epikarp (Grundstoff des Nocino-Likörs) und ist reich an Gerbstoffen. Das hölzern harte Endokarp, die Schale, umschließt den Samen, die vierflügelige essbare Nuss. Walnüsse reifen im Oktober. In einem Lied, das wir in den Kriegsjahren oft gesungen haben, heißt es: ›Wie des Abends / unterm Nussbaum / du geflüstert / kannst erinnern dich?‹

Bekannt wie seine Frucht ist das Holz des Nussbaums. Seit alter Zeit wird es für seine besonderen Eigenschaften geschätzt. Es ist hart, schwer und sehr fest, deshalb lässt es sich gut zu Furnier sägen oder zu Intarsien schneiden; es eignet sich zum Drechseln, Schnitzen und Hobeln, für hochwertiges Mobiliar, Gewehrkolben, edles Parkett. Der Splint ist grau, das Kernholz hat eine attraktive dunkle Färbung mit mehr oder weniger heller Maserung; geschliffen und poliert kommt seine ganze Eigenart besonders zur Geltung. Nussbaumholz ist der König unter den Hölzern. Maestro Nicola, der uns in der Berufsschule beibrachte, wie man Holz bearbeitet und seine Qualität einschätzt, sagte immer: ›Nussbaum ist kein Holz für Leute mit Geld, sondern für Leute mit Klasse!‹

Die Wurzelstücke des Nussbaums zeigen ein besonders gemasertes Holzbild mit schön geschwungenen Linien und kontrastreichen Helligkeits- und Farbnuancen. Vitruv gibt allerdings zu bedenken, das Holz des euböischen Nussbaums arbeite und werfe sich auch nach langem Ablagern noch sehr stark auf und bekomme Risse. Dabei knirsche und krache es so laut, dass den Bewohnern der Häuser, in denen es verbaut ist, der Schreck in die Glieder fahre.

Wie um so viele Pflanzen, so ranken sich auch um den Walnussbaum Mythen und Legenden. Früher hieß es (und manche behaupten es noch heute), unter einem Walnussbaum zu liegen bringe Unglück, und wer unter einem Nussbaum einschlafe, wache mit Kopfschmerzen auf. Mit dem Gift in den Wurzeln, so liest man, vertreibe die Walnuss andere Bäume aus ihrer Nähe; Plinius sagt, sie sei der ›Feind der Eiche‹. Im Altertum galt die Walnuss als Baum der Unterweltsgötter, und im frühen Mittelalter, so überliefert es Pietro Piperno in seiner Schrift *Über den Hexenbaum von Benevent*, versammelten sich zauberkundige Frauen unter seinem Blätterdach.

Warum aber küssen sich die Verliebten gerade unter einem Walnussbaum? Geht man weit in die Geschichte zurück, zeigt sich, dass Walnüsse Bestandteil uralter Hochzeitsriten waren und noch dazu als aphrodisierend galten. Wie heute mit Reiskörnern wurden die Brautleute damals mit Walnüssen beworfen.

Blätter, Fruchthülle, Nüsse, selbst die Schalen wurden gegen mancherlei Beschwerden verabreicht. Blättersud regt demnach den Appetit an, reinigt das Blut, erhöht die Muskelspannung. Das Kapselfleisch vertreibt Würmer aus dem Darm und stoppt Durchfall. Plinius schreibt zudem, mit den zerstoßenen Schalen ließe sich Zahnfäule behandeln.

Das Öl, das aus Walnüssen gepresst wird (es macht ein Viertel ihres Gewichts aus), diente als Lampenöl, als Heilmittel und zur Hautpflege. Wischt man Möbelholz damit ab und poliert es, wird es ›so glänzend, dass man sich darin spiegeln kann‹, und Feinschmecker behaupten, Walnussöl sei das einzige, in dem sich Flussbarsch braten ließe.

In einem Traktat über die fleischlose italienische Küche aus dem Jahr 1614 empfiehlt der Humanist Giacomo Castelvetro folgendes Walnussgericht: ›In einem Mörser – der aus Stein sein muss, nicht aus Metall – die Nüsse zerstoßen, zwei oder drei Knoblauchzehen hinzugeben sowie in Fleischbrühe eingeweichtes altbackenes Brot und zerriebenen Pfeffer; alles so lange stoßen, bis eine breiige Masse entsteht; diese lauwarm servieren!‹ Castelvetro führt aus: ›Wer einer geregelten Ernährungsweise folgen will, isst diese Soße als Antidot gegen dessen schlechte Eigenschaften zu frischem Schweinefleisch oder aber zu Ente (auch dies eine der Gesundheit abträgliche Speise). Die Soße wird auch zu schweren Teigwaren wie Makkaroni oder Lasagne gereicht.‹

Die Pappel

Meine Eltern kehrten 1919 in das vom Krieg zerstörte Dorf zurück. Auch unser Haus, in dessen Keller das Kommando eines österreichischen Artillerieregiments Stellung bezogen hatte, war zerstört, und musste wiederaufgebaut werden. Aus dem Flachland der Emilia Romagna, wohin viele aus dem Dorf evakuiert worden waren, hatten meine Eltern zwei junge Pappeln mitgebracht. Sie pflanzten sie vor unserem Haus in die von Granaten aufgewühlte Erde. Noch heute sehe ich die beiden Bäumchen vor mir, die zusammen mit uns Kindern der Via Monte Ortigara groß geworden sind. Zu jeder Jahreszeit sahen sie uns beim Spielen zu. Besonders an langen Juniabenden, wenn weiße Falter aus ihren Puppen schlüpften. Wir Jungs fingen sie mit ausgebreiteten Taschentüchern ein und warfen sie zu Boden. Dann sammelten wir die Schmetterlinge auf und schenkten sie den Mädchen.

Wir wussten nicht, dass es sich um einen Pappelschädling, *Stilpnotia salicis*, handelte, dessen Raupen in manchen Jahren ganze Bäume kahlfressen. Gab es in einem Jahr keine Falter oder waren sie noch nicht geschlüpft, machten wir Jagd auf Maikäfer. Sobald wir eine Handvoll beisammen hatten, steckten wir sie in eine Dose, besprengten sie mit Petroleum und zündeten sie an. Unsere Lehrer hatten uns erklärt, dass Maikäfer eine Gefahr darstellten – nicht, weil wir sie mit in die Schule brachten –, sondern weil die Käfer über die Blätter herfielen und ihre Larven dazu noch die Wurzeln anfraßen. Im Winter bauten wir zwischen den beiden Pappelstämmen mit Blöcken aus gepresstem Schnee die Festung von Macallè nach und bewarfen von dort die Kinder aus der Via Cavour mit Schneebomben.

Unsere Pappeln waren wahrscheinlich Schwarzpappeln, *Populus nigra*. Eines Tages bekam ich den Auftrag, sie zu fällen. Es war das Jahr 1938, kurz bevor ich zu den Gebirgsjägern einrückte. Die Bäume waren zu groß geworden. Ihre Wurzeln hatten die Straßenmauer ins Wanken gebracht, ihre Äste ragten bis in die Drähte der Straßenbeleuchtung und ihr Laub verstopfte die Dachrinnen der benachbarten Häuser, die dann im Winter vom Frost aufplatzten. Ich musste in die Krone klettern und die Äste von oben nach unten steigend absägen, erst dann konnte ich die Stämme fällen. Ich tat es nicht gern, denn unter den beiden Pappeln hatten wir eine glückliche Kindheit verbracht.

Die Pappeln gehören zur Familie der Weidengewächse, ihre Gattung, *Populus,* ist sehr artenreich (manche Botaniker benennen zwanzig, andere hundert). Pappeln kommen in weiten Gebieten der Nordhalbkugel und in unterschiedlichem Klima vor, von Nordafrika bis fast zum Polarkreis. Sie sind sommergrün und zweihäusig, das heißt, die einzelnen Individuen tragen entweder nur männliche oder nur weibliche Blüten. Auffällig ist der Polymorphismus der einfachen, wechselständigen Blätter, der sich am selben Baum beobachten lässt. Die Blattnerven sind (anders als bei Weidenblättern mit nur einem Hauptnerv) gespreizt wie die Finger einer Hand; auch sind die Blattstiele der Pappel länger als die der Weide. Die Knospen sind mehrschuppig, die Kätzchen lang und hängend, die reifen Samen segeln an wolligen Faserbündeln weit in die Landschaft.

ALLE PAPPELARTEN brauchen fruchtbaren, durchlässigen Boden und viel Licht und Sonne, um gut zu gedeihen. Als Pionierpflanzen überlassen sie später anderen Arten ihren Platz. Ihr Wuchs nimmt zuweilen Strauchform an, Pappeln können aber auch dreißig Meter oder höher werden und einige Meter Umfang erreichen. Die Silberpappel, *Populus alba*, bildet eine runde Krone, bei der Schwarzpappel breitet sich das starke, breite Astwerk fächerartig aus, die Pyramidenpappel wächst schlank in die Höhe, die Zitterpappel bildet eine kegelförmige Krone.

Die Silberpappel hat im Umriss dreieckige, dabei gelappte und am Rand gezähnte Blätter, oberseits grün, silberweiß und flaumig an der Unterseite. Die Knospen sind ebenfalls behaart, aber nicht klebrig, die Rinde ausgewachsener Bäume ist weißlich bereift. Die Blätter der Schwarzpappel dagegen sind einfach, am Rand leicht gezähnt und beidseitig grün. Ihre Knospen sind kahl und klebrig, an ihren Blütenständen sammeln die Bienen jene Ausgangsstoffe, aus denen sie Propolis herstellen, die harzartige Substanz, mit der Honigbienen ihre Bauten abdichten. Die Rinde dieser Pappelart ist bräunlich, am Stammansatz schwärzlich, und schon früh grobrissig gefurcht.

Die Blätter der Zitterpappel oder Espe, *Populus tremula*, sind meist kleiner als die der anderen Pappelarten, oval bis herzförmig, unregelmäßig gezähnt, mit langem Blattstiel; die Knospen sind behaart, aber nicht klebrig; die Rinde ist grünlich, bei älteren Bäumen dunkel und schrundig.

Natur und Mensch haben zahlreiche Kreuzungen zwischen verschiedenen Pappelarten geschaffen. Pappeln wachsen rasch und liefern Material für Sperrholz und Tischlerplatten, Obstkisten, Streichhölzer, vor allem aber Zellulose zur Papierherstellung. Das marmorierte Wurzelholz wird gerne zu Furnier verarbeitet, gut abgelagertes Holz von Silberpappeln wird im Instrumentenbau verwendet.

Der Forstwissenschaftler Alfonso Alessandrini weist in einer Studie auf die ökologische Bedeutung der Pappel hin: ›Von allen heimischen Arten wandelt die Pappel Sonnenenergie am effizientesten in Biomasse um, und zwar je besser, je jünger die Bäume sind. Pappeln zu fällen und neue zu pflanzen dient also der Umwelt und dem Klimaschutz.‹ Außerdem, so Alessandrini, liefern Pappelforste Holz, das dann nicht mehr in Wäldern geschlagen werden muss. ›Pappeln zu pflanzen mag rückständig und romantisch wirken, in Wahrheit dient es der Zukunft.‹

Früher wurden Pappeln mancherorts alle zwanzig Jahre auf den Stock gesetzt, um ein Bündel Holz zu haben, oder man schnitt die unteren Triebe und die Wurzelbrut und verfütterte im Winter das Laub an das Hornvieh. Aus den Knospen der Schwarzpappel wird in der traditionellen Arzneikunde eine Salbe zur Wundheilung gewonnen, sogenanntes *unguentum populeum*; die Rinde ist, ähnlich wie die der Weide, reich an Gerbstoff und Salicin.

Wie Isidor von Sevilla in seinem etymologischen Handbuch ausführt, rührt der lateinische Name der Pappel, *populus,* daher, dass aus einem Pappelstumpf im Nu ein ganzes ›Volk‹ von neuen Trieben sprießt. Der römische Dichter Horaz kennt die Pappel als Grenzbaum, den man setzt, um Grundstücksstreitigkeiten mit den Nachbarn vorzubeugen. Plinius verzeichnet vier verschiedene Pappelarten: Silberpappel, Schwarzpappel, Libysche Pappel (Zitterpappel) und Kretische Schwarzpappel.

Die Silberpappel galt in der Antike als Baum der Musen, besonders aber war sie dem Herakles geweiht, denn der Halbgott soll die Silberpappel auf Erden verbreitet haben. Als Herakles in der Unterwelt den Höllenhund Zerberus besiegt hatte und wieder ans Licht der Sonne zurückkehrte, so die Sage, riss er einen Zweig von einer Silberpappel ab und flocht sich einen Kranz daraus. Die Schwarzpappel dagegen war der Jenseitsgöttin Persephone heilig, ihr war der Pappelhain geweiht, den Odysseus auf dem Weg in die Unterwelt durchqueren musste.

Die anrührendste Geschichte, die von Pappeln handelt, erzählt von Phaeton, dem Sohn des Sonnengottes Helios. Eines Morgens gab Helios der Bitte seines Sohnes nach, ein Mal den Sonnenwagen des Vaters über das Firmament lenken zu dürfen. Phaeton nämlich wollte sein Können vor seinen Schwestern unter Beweis stellen. Doch Phaeton vermochte die Gewalt der weißen Rosse, die ihm die Schwestern an den Wagen gespannt hatten, nicht zu zügeln und ließ sich von ihnen in große Höhen davonreißen, und die Menschen zitterten vor Kälte. Dann kam das Gespann der Erde zu nah, und die Felder verdorrten. Zeus aber zürnte dem unbedachten Wagenlenker und schleuderte seinen Blitz nach ihm, und Phaeton stürzte in die Fluten des Po; Phaetons Schwestern aber wurden in zwei Pappeln am Flussufer verwandelt, und ihre Tränen gerannen zu Bernstein.

Der Holzapfel

Mancherorts bei uns in den Bergen wachsen wilde Apfelbäume – wer weiß, wie die Kerne, aus denen sie gekeimt, hierher gekommen sind. Wächst der allem Anschein nach älteste von ihnen vielleicht dort, wo ein österreichischer Soldat im Kriegsjahr 1917 einen Apfel aß, den er an einem Baum im Trentinischen gepflückt oder den ein Mädchen ihm in Südtirol geschenkt hatte? Das gerade einmal fünf oder sechs Meter große Bäumchen steht an einem sonnigen Platz auf halber Höhe des Hangs etwas hinter der Mulde eines Schützengrabens, denn hier lagen die Vorposten der Österreicher. Sein Stamm ist krumm und schief, die Krone ganz zerzaust, und wo die Kälber beim Weiden Hals und Flanken an seinem Stämmchen reiben, ist die Rinde glänzend glatt gescheuert. Ich weiß noch, wie wir als Kinder dort oben nach Marmorbröckchen für unsere Murmeln suchten. Dann pflückten wir die kleinen roten und gelben Äpfelchen und setzten uns auf einen Stein in die Sonne, um sie gleich alle zu essen.

Ein anderer Wildapfel steht am Rande eines Ackers, wo noch bis nach dem Krieg Flachs, Roggen und Kartoffeln angebaut wurden. Nach Jahrhunderten mühseliger Bewirtschaftung wurde er aufgegeben und von Ginster, Sauerdorn und Hundsrosen überwuchert. Nun breitet sich über dem Dickicht wieder Nadelwald aus. Vor langer Zeit war das abgelegene Stück Land das Bett eines

Gletschers. Alles kehrt wieder: ›Sieben Mal Wald / sieben Mal Wiesen / alles kehrt bald / wie's einst gewesen‹, singen die Zwerge im Berg. In diesem Gewucher steht also das krumme kleine Wildapfelbäumchen, und ich male mir aus, dass es aus dem Kern eines Apfels gewachsen ist, den ein Mädchen hier gegessen hat, das zum Unkrauthacken aus dem Dorf heraufgekommen war. Das Dorf liegt auf der anderen Seite der Moräne, und die Bauern dort besaßen nach altem Recht die Erbpacht für dieses Stück Allmende. Die kleinen runden, säuerlich-saftigen Äpfel reifen gegen Ende Oktober, und wenn ich dann an dem Baum vorbeikomme, schüttle ich ihn ein wenig, damit die Dachse seine Früchte fressen können.

Mein dritter wilder Apfelbaum steht nicht weit von meinem Haus, dort, wo Wiese und Wald aneinandergrenzen. Anfangs verschwand er fast im Tannendickicht. Ich bemerkte ihn erst, als mein Hund einmal unter den dichten Zweigen etwas ins Maul nahm und daran herumkaute. ›Woher hier wohl Äpfel kommen?‹ fragte ich mich; dann blickte ich auf und sah zu meiner Überraschung zwischen den dunklen Tannenästen die Zweige eines Apfelbaums mit kleinen, noch unreifen Früchten daran.

Da fiel mir ein, dass früher an dieser Stelle ein Bauer aus der Nachbarschaft regelmäßig im Schatten des Waldrands seinen Mittagsschlaf hielt. Er hatte stets ein paar Äpfel in der Tasche, die er aß, wenn der Magen ihm sauer aufstieß. Um dem Apfelbäumchen etwas Licht und Luft zu verschaffen, schlug ich die Tannen als Weihnachtsbäume. Im Spätherbst, noch vor dem ersten Schnee, ernte ich nun die kleinen Äpfel, kaum doppelt so groß wie eine Walnuss.

Ungewaschen und ungeschält, denn sie sind schön glatt und glänzend, schneide ich sie in kleine Scheiben und lege sie zum Trocknen auf den Dachboden. Wenn dann der Wind heult und der Schnee schwer auf dem Dach lastet, koche ich sie auf, gebe etwas Honig dazu und trinke den warmen Sud mit den eingeweichten Apfelschnitzen darin. Dabei denke ich an den Winter 1943, als ich in einem Dorf an den Ufern des Don solche getrockneten Äpfel fand. Ich nahm sie mit und steckte sie auf meinem Marsch durch die Kälte in den Mund, um sie zu kauen.

Die Geschichten der drei wilden Apfelbäume bei mir in den Bergen sind nicht mehr als poetische Mutmaßungen eines Laienbotanikers. Wer weiß, wie viele es noch gibt, an Stellen, die ich nicht kenne, oder wo ich sie übersehen habe. Denn der Holzapfel, *Pyrus malus* oder *Malus sylvestris*, aus der Familie der Rosenholzgewächse ist weit verbreitet. In der Natur wächst er bis zur Buchenzone in eintausendfünfhundert Meter Höhe.

Wildapfelbäume werden bis zehn Meter hoch und bis zu achtzig Jahre alt. Der Stamm wächst krumm, die Krone ist breit und an sonnigen Standorten stark belaubt. Die Rinde schimmert anfangs rötlich, mit den Jahren geht sie mehr ins Graue und blättert ab. Die starken Äste wachsen nahezu waagerecht vom Stamm weg (sparrig, wie man sagt). Die grünlichen Zweige sind zunächst flaumig behaart, und werden dann rötlich und glatt. Die unterschiedlich geformten Blätter sind wechselständig mit zwei bis drei Zentimeter langem Blattstiel und gezähntem Blattrand; auch sie sind zunächst filzig behaart, später ledrig und glatt mit stark ausgeprägten Blattnerven. Die zwittrigen Blüten stehen in Dolden zusammen, haben fünf weiß-rosafarbene Blätter mit langen Staubfäden und gelben Staubbeuteln in der Blütenmitte. Der rundliche Apfel hat Grübchen an beiden Enden, seine Färbung reicht von Grün bis Gelb, mit roten Punkten oder Streifen, der Durchmesser schwankt zwischen zwei und vier Zentimetern.

Der Holzapfel ist in ganz Europa verbreitet, in Italien findet man ihn von den Alpen bis nach Sizilien. Er wächst vereinzelt in Laubwäldern und am Rand von Lichtungen, mag sonnige Standorte und stellt keine besonderen Ansprüche an die Bodenbeschaffenheit. Sein Stamm wird gern als Unterlage zur Veredelung mit anderen Apfelsorten verwendet, letztlich gehen ja alle vom Menschen gezüchteten Sorten auf die Wildform zurück. Schon in der Antike beschäftigte man sich mit der Kreuzung neuer Apfelsorten. Plinius berichtet, dass die zahlreichen Obstzüchter seiner Zeit die neuen Sorten nach sich selbst benannten oder nach dem Ort, wo diese angebaut wurden. Auf den Märkten des alten Rom gab es viele bis heute bekannte Sorten: den früh reifenden Johannisapfel, *Malum spadonium*, die *Mela Francesca* aus der Toskana (*Malum orbiculatum*) oder den Honigapfel, *Melimela*, den wir als *Mela zuccherina* kennen. In der antiken Literatur, von Cato dem Älteren über den Grammatiker Fronto, den Dichter Apuleius bis hin zu Plinius' *Naturgeschichte,* wird der Apfel zur Reihe der ›segensreichen Bäume‹ gezählt, ›welche den Zielen der Religion, der Moral und der Landwirtschaft dienen.‹ Unzählige Mythen und Legenden, Dichterverse und Kunstwerke sind dem Apfel gewidmet.

Zwar schweigt die Bibel sich dazu aus, um welche Frucht genau es sich gehandelt hat, doch was Eva in der Genesis Adam zum Biss reicht, war ganz gewiss ein Apfel – gebrochen von jenem Baum, der in der Mitte des Paradiesgartens stand und ›den Augen ein Genuss und dem Blick eine Verlockung war.‹ So ist er in die Überlieferung eingegangen und so spricht Dante von ihm: der Baum, ›von dessen Frucht der erste Sünder aß.‹ Das *Hohelied der Liebe* erwähnt den Wildapfel in Form eines allegorischen Bildes für den Bräutigam: ›Wie ein Apfelbaum inmitten des Waldes, so ist mein Geliebter unter den Jünglingen. Im Schatten dessen, den ich begehrte, setzte ich mich nieder, und süß ist seine Frucht meinem Munde‹ singt die Braut. Und dann ist da natürlich der Apfel des Paris, den der Trojanerprinz, von Zeus zum Richter im Schönheitswettbewerb der Göttinnen bestimmt, der Aphrodite zuerkennt. Und die Äpfel auf den Gemälden der großen Renaissancemeister und der alten Niederländer? Und jene in der gotischen Bildhauerkunst?

Der Apfel und der Baum, an dem er wächst, begleiten die Menschheit von Anbeginn. Äpfel sind Teil einer gesunden Ernährung. Aus ihrem Saft lässt sich Apfelwein keltern, aus diesem wiederum ein Obstbrand mit der gleichen unverwechselbaren Duftnote destillieren. Äpfel galten und gelten indes auch als Heilmittel. Man liest davon bei Galen, bei Dioskurides und seinem Kommentator Andrea Mattioli: gegen Entzündungen des Magens, Gesäßabszesse, als harntreibendes Mittel, zur ›Austreibung von Würmern‹ und zu vielen anderen Zwecken. Ein frisch geriebener Apfel hilft gegen breiigen Stuhl bei Kleinkindern. Giacomo Castelvetro bemerkt in seinem Küchentraktat mit dem Titel *Kurzer Bericht über alle Wurzeln, alle Kräuter und Früchte, welche in Italien frisch oder gekocht verzehrt werden* aus dem Jahr 1614 über den ›Paradiesapfel‹ Folgendes: ›Diese Frucht ist kaum größer als ein Apfel im Frühling und sieht ihm der Form nach sehr ähnlich. Doch ist seine Schale gelb, mit kleinen Punkten so rot wie Blut. Je länger man ihn lagert, desto besser wird er. Neben vorzüglichem Geschmack besitzt er einen angenehmen Duft; steckt man ihn zwischen die Windeln, duften sie süß; legt man seine Schalen auf glühende Kohlen, verbreitet sich Wohlgeruch in der ganzen Stube.‹

Genau so machte es früher im Winter Zia Marietta, die fast hundertjährige Tante meines Großvaters. Wenn Zia Marietta einen Apfel schälte, legte sie die Schalen auf den Kachelofen im Esszimmer. Die Winter meiner Kindheit waren erfüllt von diesem Duft, will ich ihn auch heute in der Stube haben, gehe ich Wildäpfel pflücken.

Der Ahorn

Wenn ich im Frühjahr mittags aus dem Büro zum Essen nach Hause ging, führte mich mein Weg durch eine Ahornallee (sie wurde mittlerweile gefällt, um Platz für die Autos zu schaffen), und über mir hörte ich das zufriedene Summen der Bienen. Blätter und Blüten erscheinen am Ahorn zur selben Zeit; die Blüten enthalten viel Nektar, der Honig daraus ist duftend und klar. Bedauerlich, dass in Parks und an Straßen immer weniger Ahornbäume stehen, stattdessen werden sie von einer unwissenden Verwaltung durch teure exotische Sorten ersetzt, die am Ende schlecht mit dem hiesigen Klima zurechtkommen und den Menschen sicher kein so schönes Herbstlaub bescheren wie der Ahorn.

Wenn im Spätsommer das letzte Heu gemäht wurde – das Heu, das am stärksten duftet, über das sich das Vieh im Winter im Stall am meisten freut – und es am Abend vom Feld nach Hause ging, durften wir Kinder auf den Heuwagen klettern. Von dort oben meinte man die ganze Welt zu Füßen zu haben, so berauscht waren wir vom Duft des frischen Heus und von der Sonne und der Luft der Berge. Mein Vater oder einer der Knechte von unserem Hof führte das Pferd am Zügel. Wenn der Wagen unter der Schattenarkade eines Ahorns hindurchfuhr, nahmen wir allen Mut zusammen, stellten uns auf die schwankende Ladung und rissen die geflügelten Samen von den Zweigen. Für uns Kinder hießen sie ›Propeller‹, zuhause angekommen, ließen wir sie vom Treppenaufgang in den Hof segeln.

An einem Spätherbstmorgen, die Bäume standen schon ohne Blätter und die Gipfel am Horizont waren bereits schneebedeckt, ging ich über bemooste Pfade durch den stillen Wald. So gelangte ich zu einer Lichtung, die sich bis zu den Wiesen des Dorfes erstreckte. Ich stand gegen den Wind, und so konnte ich ein Reh mit zwei seiner im Frühsommer geborenen Kitze beobachten, ohne dass die Tiere mich witterten. Die Nase dicht am Boden stöberten sie im Laub, zogen ein Blatt hervor, hoben den Kopf und kauten es langsam und bedächtig. Ich nahm das Fernglas, beobachtete sie genauer und konnte ausmachen, dass es die Blätter eines einsam am Feldrand stehenden Ahorns waren, und dass die Tiere sich aus dem Laub die besonders schön gefärbten Blätter heraussuchten. Später las ich, dass Ahornblätter reich an Mineralien, Vitaminen und Stickstoff sind, aber wenig Zellulose enthalten. Bei Pflanzenfressern sind sie deshalb ein beliebtes Futter, sogar noch beliebter als Kräuter.

In der Gattung *Acer* aus der Familie der Ahorngewächse sind zahlreiche Arten versammelt. Fast alle kommen in Europa, Asien und Nordamerika vor. Ahorne sind sommergrüne Bäume; die Blätter der hiesigen Arten sind breit gelappt, mit langem Blattstiel ohne Nebenblätter. Die gelblich gefärbten Blüten stehen in Doldentrauben, Blütenkelch und -krone sind fünfteilig. Ahornblüten sind polygam, das heißt, sie weisen sowohl zwei- wie eingeschlechtliche Blüten an einem Individuum auf. Der

Fruchtstand wird von zwei Flügelsamen (Samaras) mit flachem Fruchtblatt gebildet und zählt zu den Spaltfrüchten. Die geflügelten Ahornsamen werden vom Wind verbreitet (als Kind naschte ich gern von den Samen).

Der Französische Ahorn, wegen seines häufigen Vorkommens in der Provence auch Montpellier-Ahorn, *Acer monspessulanum*, genannt, wird kaum höher als fünf Meter. Er gedeiht im Mittelmeerraum, in den Voralpen, in Gegenden mit gemäßigtem Klima in der Schweiz, in Deutschland, aber auch im Kaukasus und in Persien; er liebt die Sonne, erträgt Trockenheit und wächst zuweilen auch zwischen Felsen. Das spezifische Gewicht dieses Ahornholzes ist geringer als das von Wasser; es gibt hervorragendes Brennmaterial ab.

Auch der Feldahorn, *Acer campestris*, gehört nicht zu den auffällig großen Bäumen, kann aber doch bis zu fünfzehn Metern hoch werden. Seine Krone ist breit und dicht; er ist in ganz Europa, England und Russland verbreitet und wächst vereinzelt auch in Nadelwäldern. Der Name Feldahorn rührt daher, dass die sehr schnittverträgliche Art früher als Rankstütze für Weinreben gepflanzt wurde. Feldahorne passen sich gut an die verschiedensten Witterungs- und Bodenverhältnisse an.

Der Spitzahorn, *Acer platanoides*, ist ein starkwüchsiger, prächtiger Baum. Er kann bis zu dreißig Meter hoch werden, sein Stamm wächst gerade, die Rinde ist aschgrau, die Äste stehen aufrechtsparrig, die Krone ist breit und dicht belaubt. Die Blätter dieses Ahorns gleichen denen der Platane, daher die lateinische Artbezeichnung. Im Herbst nimmt das Laub jene tiefrote Färbung an, die den Ahorn zu einem Solisten in der Symphonie des Waldes macht. Der Spitzahorn bevorzugt kühles Kontinentalklima, im Norden reicht sein Verbreitungsgebiet bis nach Finnland und Norwegen. Auch ein langer kalter Winter und ein schneereiches Frühjahr (wie bei uns zuletzt im Winter 1991) können ihm nichts anhaben, denn zu den Besonderheiten dieser Art gehört, dass sie nach der Winterruhe erst spät das Wachstum wieder aufnimmt.

Aus dem Stamm des eng verwandten Zucker-Ahorns, *Acer saccharum*, zapfen die Ureinwohner Nordamerikas einen Saft, den sie als Nahrungs- und als Heilmittel benutzen; diesen Ahornsirup bekommt man nun auch bei uns. Dem roten Herbstblatt dieses Ahorns ist das kanadische Nationalsymbol nachempfunden.

Auch der Bergahorn, *Acer pseudoplatanus*, kann bis zu vierzig Meter hoch werden; seine Rinde ist dunkler als beim Spitzahorn, seine fünflappigen, gezähnten Blätter erreichen fünfzehn Zentimeter in der Breite, die Flügelsamen sind V-förmig gespreizt. Wie sein Name sagt, bevorzugt er hügelige und gebirgige Lagen bis auf zweitausend Höhenmeter. Er bildet jedoch keine ausgedehnten Wälder, sondern wächst eher in Gruppen oder einzeln. Das Holz des Bergahorns gehört zu den besten: es ist elfenbeinweiß, seidig glänzend, leicht zu bearbeiten und langlebig, solange es nicht der Witterung ausgesetzt wird. Geigenbauer verwenden bis zu zehn Jahre lang abgelagertes Bergahornholz für Boden, Zarge, Hals und Schnecke von Streichinstrumenten.

Seinen Namen hat der Ahorn auch einem Kirchlein in den Bergen des Apennin, an der Grenze der Emilia Romagna zur Toskana, gegeben. An diesem Ort soll der Legende nach ein Madonnenbild, das Kreuzfahrer aus dem Heiligen Land mitbrachten, an einem Baum inmitten eines Ahornhains aufgehängt und verehrt worden sein. Im Jahr 1358 wurde schließlich eine Kapelle für das Gnadenbild errichtet, und dort wird jedes Jahr am 5. August zu Ehren der *Madonna dell'acero,* der Ahorn-Madonna, ein Fest begangen.

Uralte Ahornbäume wachsen im Gennargentu-Gebirge auf Sardinien und auf den Monti Nebrodi in Sizilien; im Ort Pizzone in den Abruzzen steht ein Bergahorn, der fast sieben Meter im Umfang misst. Einen kleinen Ahornhain wollte auch ein Nachbar bei uns im Dorf auf einer aufgelassenen Viehweide anlegen. Als er eines Montagmorgens nach den jungen Stämmchen sah, die er dort gesetzt hatte, waren sie alle verschwunden – offenbar hatten Touristen sich Wanderstöcke daraus geschnitten: was für Banausen es doch gibt.

Der griechische Naturphilosoph Theophrast vermerkt in seinen botanischen Schriften, aus Ahornholz würden besonders wertvolle Möbel gefertigt, und auch Ovid berichtet, der Thron des fünften römischen Königs, Tarquinius Priscus, sei aus Ahornholz gewesen. Vergil berichtet im Zweiten Buch der *Aeneis*, das Trojanische Pferd sei ›aus Ahornbalken gezimmert‹ gewesen. Von Ahornbäumen schreibt Boris Pasternak in seinem *Doktor Schiwago*, und vom Ahorn spricht er in seinem Gedicht *Goldener Herbst*:

DER AHORN

Gelber Ahorn schmückt das Gut
Wie ein goldner Bilderrahmen,
Wo in der Septemberflur
Bäume sich zu Paaren binden
Und der Abend eine Spur
Bernstein malt auf ihre Rinden.

Der Maulbeerbaum

Wir waren in der dritten Klasse, als an einem Tag Ende Mai 1929 unsere Lehrerin Maestra Elisa – schon im vorangegangenen Herbst hatte sie alle Schüler einen Zweig von einem anderen Baum mitbringen lassen – mit einer Handvoll Kokons aus dem Tiefland in die Schule kam. Maestra Elisa erklärte uns, dass in jedem Kokon ein Schmetterling stecke, der zuvor eine Raupe und noch davor ein winziges Ei gewesen sei. Als dann an den Maulbeerbäumen die Blätter erschienen, sei die Raupe aus dem Ei geschlüpft und habe die Blätter gefressen, sei gewachsen, habe sich dabei verwandelt und schließlich aus einem Seidenfaden ein Haus gebaut. Bei uns in den Bergen gab es keine Maulbeerbäume, keine Seidenraupen und schon gar keine Raupenzucht, und so warteten wir neugierig darauf, dem Seidenspinner, *Bombyx mori*, beim Schlüpfen aus seinem Kokon zuzuschauen, den unsere Lehrerin zwischen die Doppelfenster in die Sonne gelegt hatte.

Es dauerte dann noch einige Jahre, bis ich die ersten Maulbeerbäume zu sehen bekam – auch wenn ich sie damals noch nicht von anderen Bäumen unterscheiden konnte. Es war bei Bassano, wo die Seidenraupenzucht in jenen Jahren noch intensiv betrieben wurde und die Maulbeerbäume unter Schutz standen. (Ein Gesetz aus dem Jahr 1937 verbot, Maulbeerbäume zu fällen; in einem weiteren Erlass wurde einige Jahre später festgelegt, dass die Präfektur die Befugnis besitze, auch das Kappen und den Rückschnitt von Maulbeerbäumen zu untersagen, ›deren Triebe das Alter von drei Jahren noch nicht erreicht haben.‹ Gestattet war lediglich ›das Auslichten und Ausspitzen nach erfolgtem Blattaustrieb; ferner kann untersagt werden, Maulbeerblätter zu anderen als zum Zwecke der Fütterung von Seidenraupen zu verwenden ...‹) Dann aber wurde die Seidenraupenzucht geschlossen, und die Lieder, die die Frauen beim Spinnen sangen, gerieten in Vergessenheit – heute sind sie Gegenstand volkskundlicher Forschung. So verschwand der Maulbeerbaum fast völlig aus unserer Landschaft, denn Seide wurde nun wieder aus dem Fernen Osten eingeführt wie in längst vergangener Zeit.

Im Veneto, das über Jahrhunderte zu den Hauptseidenproduzenten weltweit zählte, ist heute wieder viel die Rede von Maulbeerbäumen, von Raupenzucht und Seidenspinnerei. Aber es sind neue Hindernisse aufgetaucht: diesmal hängen sie mit dem Erbgut des Seidenspinners zusammen. Zudem müssten neue Baumreihen gepflanzt werden, wie es sie früher gab, als Maulbeerbäume viele Felder säumten. (Ich kenne einen Bildschnitzer, der jetzt alte Feldraine nach Maulbeerstümpfen absucht. Er schafft sie in seine Werkstatt und bearbeitet sie so, dass Formen und Strukturen zum Vorschein kommen und das Farbspiel im Holz sichtbar wird. Manchmal arbeitet er auch schöne, von den Jahrtausenden glattpolierte Flusskiesel und ein Stück Silber oder Gold in das Holz ein. So entstehen echte Kunstwerke, die den Hauch der Schöpfung atmen.)

Wenn also der Maulbeerbaum auch kein Teil

meiner Bergheimat ist, so ist er mir doch teuer. Er erinnert mich an den Spätfrühling des Jahres 1941. Damals, nach der griechischen Kapitulation, konnten wir endlich aus unseren Stellungen in den albanischen Bergen kriechen, wo wir bei Hunger und Kälte den Winter über lagen und Schnee und Wind uns keinen Augenblick Ruhe gönnten. Wir zogen talwärts, und nach Monaten im Schnee spürten wir endlich wieder grünes Gras unter den Füßen. An einem Junitag, es war sehr warm, stieg ich zum Ufer des Devoll hinunter, um mich in seinem Wasser zu waschen und die Läuse und die Krätze von der Haut zu spülen. Mit einem Mal stand ich inmitten großer, dem Anschein nach uralter Bäume. Von ihren Zweigen hingen Früchte, die mich an Himbeeren erinnerten. Instinktiv steckte ich welche in den Mund, und sie schmeckten mir auf Anhieb, saftig, aber nicht allzu süß. Da hingen weiße, rosafarbene und sogar rote, fast violette Früchte, die ihre Farbe an Mund und Fingern hinterließen. Kameraden vom Gardasee sagten mir später, das seien *morari* gewesen, Maulbeeren, und mir kam der Gedanke, dass sie vielleicht in jener Zeit gepflanzt wurden, als die Gegend unter der Herrschaft der Republik Venedig stand. Die Venezianer besaßen damals eine Art Monopol auf den Seidenhandel. Seit ein Bettelmönch, in seinem Wanderstab aus Bambus versteckt, ein Gelege von Seidenraupeneiern aus dem Fernen Osten mit in die Stadt geschmuggelt hatte, wurden dort Seidenstoffe hergestellt (auch davon hatte uns Maestra Elisa erzählt). Glaubt man dem spätantiken Historiker Prokop, brachten schon im Jahr 551 zwei Mönche die ersten Seidenraupen aus Konstantinopel mit in den Westen; Theophanes von Byzanz wiederum berichtet, ein Perser unter Kaiser Justinian habe die Saat aus dem Land der Seidenvölker nach Europa geschmuggelt, auch er in seinem Wanderstab.

Die Maulbeere, *Morus alba*, gehört wie der Feigenbaum zur Familie der *Moraceae*. Zu den Eigenheiten des Maulbeerbaums zählt, dass die Pflanze zu ihrem Schutz bei Verletzungen einen Milchsaft absondert, der verhindert, dass Parasiten in die Wunde und damit in ihren Organismus eindringen. Die Gattung *Morus* umfasst ein Dutzend in den gemäßigten Klimagebieten unserer Hemisphäre beheimatete Arten. Sie alle gehören zu den Bäumen mittlerer Größe, können bis zu zwanzig Meter hoch und einige hundert Jahre alt werden. Die Krone des Maulbeerbaums wächst dicht und weit gespannt. In den ersten Jahren ist seine Rinde grau, dann dunkelt sie, wird bräunlich und reißt der Länge nach ein. Die Zweige sind glatt und kahl, die wertvollen Blätter – denn von ihnen ernährt sich die Raupe, der wir die Seide verdanken –, sind wechsel- bis gegenständig, mit kurzem, gefurchtem Stiel. Manche Blätter sind geformt wie ein Herz, andere dreilappig, mit unregelmäßig gesägtem Rand und spitz zulaufend. Die Maulbeere blüht im April-Mai; am selben Baum sitzen in gestielten Kätzchen männliche und weibliche Blüten. Die Früchte, die aus den bestäubten Blüten wachsen, sind ein bis zwei Zentimeter lang, elfenbeinfarben, weiß-rosafarbig oder von einem leuchtenden Tiefrot; schon vor der Reife schmecken sie süß. *Morus alba*, deren Heimat in China liegt, ist vor langer Zeit nach Europa gekommen. Im Gefolge der Seidenherstellung wurde ihr Anbau so weit ausgedehnt, wie es das Klima eben erlaubt.

Morus nigra, die Schwarze Maulbeere, wird etwas größer als ihre weiße Schwester und ist auch etwas stämmiger und robuster. Ihr Holz ist fester, die Blattstiele sind kürzer, die Blätter größer und an der Unterseite von Härchen bedeckt, die an Filz denken lassen. Ihre Heimat ist Kleinasien. Man pflanzt die Schwarze Maulbeere, um aus den Früchten einen leichten Wein zu keltern, oder einen sehr guten Obstbrand zu destillieren.

Ovid erwähnt den Maulbeerbaum in seinen *Metamorphosen* in der Geschichte von Pyramos und Thisbe. Dort wird erzählt, im Schatten eines Maulbeerbaums habe Ninos, der Gründer der Stadt Ninive, sein Grab gefunden. Der Brauch, den Toten einen Baum aufs Grab zu setzen, findet sich bei den Völkern des Altertums häufig. Sie glaubten, dass der Leichnam, wenn er sich zersetzt und in Feuchte auflöst, von den Wurzeln aufgesogen wird und die tote Materie durch den Baum zu neuem Leben gelangt. Der Grabbaum selbst aber wird für die Nachgeborenen über Jahre und Jahrhunderte zum Zeichen des liebenden Gedenkens und der Erinnerung.

Schon Plinius sah in der Maulbeere einen ›Weisen unter den Bäumen‹, denn als Letzter öffnet er seine Knospen und als Erster lässt er seine Früchte reifen. Auf diese Weise entgeht er dem Spätfrost, und seine Früchte bleiben länger an den Zweigen. Es heißt auch, die Frauen der Griechen und Römer färbten sich mit dem Saft der Früchte des Maulbeerbaums die Wangen.

Der Kirschbaum

Im April, als die Kirschbäume gerade ihre Blüten öffnen wollten, kam der Schnee. Im Dezember war er nicht gefallen und nicht den ganzen Winter über, aber nun war er da. Schon vom Bett aus bemerkte ich, dass die Morgenstille anders klang als gewöhnlich. Auch das Licht, das schwache Licht der Morgendämmerung, das noch die Nacht in sich trägt, war anders. Ich überließ mich meinen Phantasien, schweifte an entfernte Orte, verlor mich in andere Zeiten – doch meine Gedanken kehrten immer wieder zu einer Frage zurück: zu meinen Kirschbäumen und wie es ihnen wohl gehe. Es mag seltsam scheinen, wenn die Sorgen eines Mannes in meinem Alter – bei allem, was in dieser Welt geschieht – um ein paar kurz vor der Blüte stehende Kirschbäume kreisen, doch so war es. Auch an das Meer von weißblühenden Kirschbäumen unten im Tal, am Fuß der Berge musste ich denken, die darauf harrten, von Bienen und Hummeln bestäubt zu werden; sie mochten mit einer sanften Frühlingsbrise rechnen, doch gewiss nicht mit Nordwind und Schnee.

Vielleicht fällt unten in Marostica aber auch gar kein Schnee, sagte ich mir, und die Blüten sind schon bestäubt und der Pollen bereits tief im Fruchtknoten angelangt. Wie jedes Jahr wird mir also Ende Mai ein Freund aus dem Tal einen großen Korb Kirschen bringen. Denn den Kirschen gehört mein Staunen und mein zärtlicher Appetit.

Mehr noch als Wildfleisch, mehr noch als Wein oder Brot, mehr als der Verlockung durch jede andere Speise erliege ich jener der Kirschen. In der Kälte der russischen Steppe träumte ich von Kirschen und auch als Kriegsgefangener hinter Stacheldraht. Tschechows *Kirschgarten* hatte zu meiner ersten Lektüre gehört, und meine erste Reise war ein Ausflug der Pfarrjugend mit der Zahnradbahn zu einem Ort, wo es im August wilde Maraskakirschen zu pflücken gab.

Im Juni 1940, kurz bevor Italien in den Krieg eintrat, war unsere Einheit im Aostatal stationiert. Die Essensrationen fielen mehr als spärlich aus, und so ging ich jeden Abend zusammen mit einem Kameraden zum Flusslauf der Dora, um meinen Hunger an den wilden Kirschen zu stillen. Wir pflückten sie von den Bäumen am Ufer und zwischen den Ruinen alter Burgen. Klein waren sie und saftig, wir mussten sie den Drosseln und Amseln streitig machen, und mein Begleiter, der heute in Australien lebt, verspeiste sie samt Kern, so wie es die Vögel machen. Doch keine Kirschen, die ich je aß, waren so unglaublich, so unerwartet wie die getrockneten Kirschen, die ich in der Vorratsgrube unter einem russischen Bauernhaus am Ufer des Don fand. Was für ein unfassbares Gefühl von Frühling in all der Steineskälte, als ich sie in Schneewasser aufkochte und davon trank!

Es heißt, der Kirschbaum stammt aus Asien, und tatsächlich wird er in alten chinesischen Dichtungen häufig erwähnt. In Japan gilt er den Schintoisten als heiliger Baum und genießt entsprechende Verehrung in Alltag und Kult. Die Kirschblüte wird mit einem eigenen Fest gefeiert: Die Wolken weißer Blütenblätter versinnbildlichen das rasche Vorüberziehen des menschlichen Glücks und zugleich ewige Glückseligkeit.

Im alten Europa gehört die Wildkirsche zu den einheimischen Arten. Die Edelkirsche war seit der Zeit Alexanders des Großen im antiken Griechenland bekannt, und schon Herodot berichtet im IV. Buch seiner *Historien* von einem Volk, das jenseits des Skythenlandes am Fuß eines hohen Gebirges lebt und sich von den Früchten eines Baumes ernährt: ›Sein Name ist Pontikon, und er wird etwa so groß wie ein Feigenbaum. Seine Frucht ist der Bohne ähnlich, hat jedoch einen Kern. Wenn diese reif ist, presst man sie durch Tücher; dann fließt ein dicker schwarzer Saft heraus, den sie Aschy nennen. Sie schlürfen ihn auf oder trinken ihn mit Milch vermischt.‹

Der *Naturgeschichte* des Plinius zufolge war es der Feinschmecker Lukullus, der die Kirsche vom Feldzug gegen Mithridates mit nach Rom brachte. Schon zu Plinius' Zeiten hatte sie bis nach Britannien Verbreitung gefunden. Die bei Plinius erwähnten *apronianae* kennen wir als Maraskakirsche, auch die hartschalige Sorte *duracina* war damals schon bekannt und wurde im Rheintal und in Belgien angebaut.

Der Kirschbaum gehört in die Familie der Rosenholzgewächse, eine Pflanzenfamilie in der Klasse der Zweikeimblättrigen mit unzähligen, auf dem gesamten Globus verbreiteten Gattungen und Arten. Die Familie umfasst Kraut- wie Gehölzpflanzen, allein zur Gattung *Prunus* zählen ungefähr zweihundert Spezies. Eine davon ist die wildwachsende Vogelkirsche, *Prunus avium*, von ihr stammen sämtliche im Obstbau bekannten Kirschsorten ab. Sie heißt so, weil fast alle Vögel sich, kaum dass diese reif sind, begierig auf ihre Früchte stürzen. Ein weiterer Grund mag darin liegen, dass es Vögel sind, die für ihre Verbreitung sorgen; sie schlucken den Kern mit dem Fruchtfleisch herunter und scheiden ihn mit dem Kot wieder aus, wo immer sie sich zum Verdauen oder Schlafen niederlassen.

Einmal aufgekeimt, wächst aus dem Kern in wenigen Jahren ein stattlicher Baum. Er kann bis zu fünfundzwanzig Meter hoch werden und gut einen Meter Umfang erreichen; steht er allein, breitet er seine Äste weit aus. Die aus mehreren Lagen bestehende Rinde ist zunächst hellbraun und glatt, später wird sie dunkler und rissig gefurcht. Die Wurzeln der Wildkirsche breiten sich weit und tief im Erdboden aus und treiben an den oberen Ausläufern viele Wurzelsprosse. Die Blattknospen bilden kleine Sträuße, die dunklen Knospenschuppen sind hell gerändert. Die wechselständigen, eiförmigen Blätter werden bis zu fünfzehn Zentimeter lang, sie sind am Rand gezähnt mit deutlich sichtbaren Blattnerven. Die zweigeschlechtlichen Blüten stehen in Trauben zusammen, die fünf weißen runden Blütenblätter sind am Rand leicht fransig. Die Frucht des Kirschbaums gehört zu den Steinfrüchten (und lässt sich wunderbar zu klarem Kirschwasser destillieren).

Das Holz der Wildkirsche zeigt eine sehr schöne rosafarbene Tönung und seidigen Glanz, es ist biegsam und bestes Rohmaterial für Möbeltischler (man denke an die alten schönen Küchenschränke unserer Bauernhäuser!).

Das Verbreitungsgebiet der Wildkirsche umfasst weite Teile Eurasiens. Ihr natürlicher Standort sind Laubwälder; an einigen Stellen klettert sie bis auf eintausendsiebenhundert Höhenmeter. Wildkirschen mögen sonnige Hanglagen und Kalkböden. Im Herbst weht ihr Laub wie ein goldenes Banner über dem Dunkel der Wälder.

All dies mag ein Grund dafür gewesen sein, dass ich im Garten vor meinem Haus auch drei Kirschbäume gepflanzt und im vergangenen Jahr auch noch eine Handvoll Wurzeltriebe von einer wildwachsenden Maraskakirsche gesetzt habe. Es erklärt vielleicht auch, warum ich in einer meiner Erzählungen von einer Wildkirsche schreibe, die auf dem Strohdach eines armseligen alten Hauses im Gebirge wächst. Man hatte mir schon von ihr erzählt, dann sah ich eine Fotografie aus dem Jahr 1915, als Haus und Kirschbaum noch nicht vom Krieg ausradiert worden waren wie so vieles hier. Ein einziger Kirschbaum in unserer Nachbarschaft hat überlebt. Der alte Titta, der heute über hundert wäre, kannte ihn schon, als er selbst noch ein Kind war. Krumm und verwachsen, mit aufgesprungener Rinde, voller Granatsplitter und Einschusswunden steht er da. Und dennoch trägt er Früchte und wird auch in diesem Frühjahr wieder seine Blüten sprießen lassen.

Doch im Sommer, wenn die Kirschen reif sind, wird kein Kind mehr an ihm hochklettern und sich Finger, Hemd und Gesicht mit rotem süßem

Saft bekleckern. Das alte Bauernhaus, leer und verlassen, steht zum Verkauf. Auf dem Grundstück werden stattdessen Ferienwohnungen gebaut, und der Baum muss Platz für die Autos machen. Mit ihm geht ein Stück unserer Kindheit verloren. Ein wenig wie in der Schlussszene von Tschechows *Kirschgarten,* in der die Gutsbesitzerin Ranjewskaja den Garten versteigern lassen muss und am Arm ihres Bruders Gajew von ihm Abschied nimmt. Mit erstickter Stimme flüstert sie: ›Mein lieber, mein süßer, schöner Garten! … Mein Leben, meine Jugend, mein Glück, Lebwohl!‹ Der alte Firs aber, der Diener, der im Gutshaus vergessen und versehentlich eingeschlossen wurde, hört aus der Ferne die Axtschläge hallen.

MARIO RIGONI STERN (Asiago 1921–2008) hat neben insgesamt fünf Romanen zahlreiche Erzählungen, Essays und autobiographische Schriften hinterlassen. 2003 erschien eine umfangreiche Werksammlung, hrsg. von Eraldo Affinati, in der Reihe *I Meridiani*, in der nach dem Vorbild der französischen *Bibliothèque de la Pléiade* die großen Schriftsteller Italiens vertreten sind. Eine reich dokumentierte Biographie des Autors aus Asiago hat 2021 im Verlag Laterza (Rom / Bari) Giuseppe Mendicino vorgelegt. Über die eigene Jugendzeit und die Jahre von Krieg und Gefangenschaft berichtet Rigoni Stern u. a. in dem 2002 erschienenen autobiographischen Text *Ultima partita a carte* (dt. *Geblendet und betrogen: eine italienische Jugend*, übers. von Verena von Koskull, mit einem Nachwort von Friederike Hausmann, Berlin 2005); auf Deutsch liegen ebenfalls vor: *Alpini im russischen Schnee*, übers. von Hans Hinterhäuser, Heidelberg 1954 (*Il sergente nella neve*, 1953); *Füchse unter Sternen*, übers. von Alice Vollenweider, Zürich 1964 (*Il bosco degli urogalli*, 1962); *Tönle*, übers. von Gerda Lederer, mit einem Nachwort von Klaus Stiller, Stuttgart 1988 (*Storia di Tönle*, 1978).

Rigoni Stern hat die in diesem Band vereinte, zuerst 1991 in seinem Hausverlag Einaudi erschienene Sammlung von zwanzig literarisch-botanischen Porträts unter den Titel *Arboreto salvatico* gestellt (›Heilspendender Baumgarten‹, wie man im Barock treffend übersetzt hätte). Mit dem titelgebenden ›Arboretum‹ ist zunächst sein eigenes Anwesen in den Bergen bei Asiago gemeint, wo der Schriftsteller seit 1964 gut zwei Dutzend Bäume gepflanzt hat, im weiteren Sinne die in diesem Band versammelten Pflanzenarten. Das im modernen Italienisch ungebräuchliche Attribut *salvatico* dagegen spielt mit den zwei Sinnschichten *selvatico / selvaggio*, wild wachsend bzw. lebend (im biologischen wie im zivilisatorischen Sinne) und *salvifico*, heilend, heilbringend: Paolo Cognetti beschreibt in seinem Vorwort den Prozess der inneren Heilung, der in Rigoni Sterns Texten Gestalt wird. Das der ersten Sinnschicht zugrunde liegende *selva* geht auf lateinisch *silva* zurück: alles, was dort lebte, bezeichneten die Römer als *silvestris* im Gegensatz zu *domesticus*, dem Vertrauten und Gezähmten – ein Begriffspaar, das Eingang in die botanische Nomenklatur gefunden hat. Mit der *selva* wird zugleich literarisches Terrain betreten: eine Sammlung von Notaten, Texten oder Kompositionen unter diese Überschrift zu stellen war schon im Italien der Frühmoderne nicht unüblich (man denke an Monteverdis Madrigalsammlung der *Selva morale e spirituale*). Noch Umberto Eco verirrt sich ›Im Wald der Fiktionen‹ und widmet in seiner gleichnamigen Essaysammlung der *selva oscura* in Dantes *Göttlicher Komödie* ein eigenes Kapitel: der ›finstre Wald‹, in dessen Wirrnissen der Jenseitswanderer seinen Weg antritt, der ihn durch die Hölle und über die schmalen Grate des Läuterungsbergs führen wird. Primo Levi hat in Dantes *Inferno* die Hölle von Auschwitz wiedererkannt, Rigoni Stern selbst hat die Bergwerksarbeit in deutscher Lagerhaft mit den Strafexempeln der Felsterrassen des Läuterungsbergs verglichen. Mit seinem *Arboretum salvaticum* stellt der Autor von der Hochebene von Asiago diesem finstren Hain eine *selva lucente*, einen leuchtenden Wald, entgegen.

Die vorliegende Übersetzung richtet sich nach der Ausgabe *Arboreto salvatico. Introduzione di Paolo Cognetti,* Turin 2021. Offensichtliche Irrtümer wurden stillschweigend berichtigt, geographische Bezeichnungen den gewandelten Verhältnissen angepasst; Änderungen der botanischen Taxonomie sind in den Anmerkungen vermerkt.

[5] **Sieben Gemeinden** 1310 gaben sich die zur Sprachgemeinschaft des Zimbrischen (eines auf die Besiedlung aus dem bayrisch-alemannischen Raum zurückgehenden Dialekts) zählenden Einwohner der insgesamt sieben Ortschaften auf der Hochebene von Asiago eigene Statuten. In ihnen unterstellten sie sich, bei weitgehender Selbständigkeit in der Regelung innerer Angelegenheiten, der Republik Venedig, die traditionell das Bauholz für ihre Schiffswerften vom Altopiano bezog.

[8] **Literatur Italiens** Cognetti, Jahrgang 1978, der durch den Roman *Le otto montagne* von 2016 (dt. *Die acht Berge*, 2017) international bekannt wurde, liefert hier nicht zuletzt eine Standortbestimmung des Schreibens einer neuen Generation jenseits der urbanen Zentren Italiens (eine Welt, die der Journalist Paolo Rumiz in *La leggenda dei monti naviganti* [2007] in den Tälern und auf den Höhen der Gebirgszüge von Apennin und Alpen verortet, von den Zentralen der Macht vergessene und vernachlässigte und dennoch umso authentischere ›Randzonen‹ Italiens). Thema dieser Literatur ist oft die Rückkehr an Orte und in Regionen, aus denen die eigenen Großeltern auf der Suche nach Arbeit in den industrialisierten Ballungsräumen fortgegangen waren. Für diese neuen Autoren, Lesenden und manchmal auch Aktivisten ist Rigoni Stern, bei allen generationsbedingten Unterschieden, bis heute Bezugsgröße und literarischer

Vorreiter. Zahlreiche schon bei dem Autor aus Asiago angelegte Motive und Konflikte werden von Autoren wie Cognetti aufgegriffen und im heutigen Kontext weiterentwickelt. Dasselbe gilt namentlich für Rigoni Sterns *Arboreto salvatico*, das als Blaupause für eine ganze Reihe von Produkten des aktuell auch in Italien stark frequentierten *Nature Writing* (etwa der von Stefano Mancuso begründeten Schule) gedient hat. Rigoni Stern sah sich im Sinne Benjamins mehr als *narratore*, Erzähler und Berichterstatter, denn als komplexe Erzählzusammenhänge konstruierender Autor. Der Rhythmus seiner meisterhaft schlichten Prosa ist dem Zeitmaß der Natur und der bäuerlichen Welt verpflichtet. Eine lebenslange Freundschaft verband Rigoni Stern mit Primo Levi (1919–1987) und Nuto Revelli (1919–2004). Mit dem Auschwitzüberlebenden Levi teilte er nicht nur die Erfahrung der Lagerhaft, sondern auch die Liebe zu den Bergen; Revelli war wie er Gebirgsjäger und Soldat in Russland gewesen, dann Partisan im antifaschistischen Widerstand. Alle drei bewiesen sich in ihren Schriften als unaufhörliche Mahner gegen Militarismus und Totalitarismus und als Ankläger gegen die faschistische Führungsschicht, die die eigene Jugend bedenkenlos den Machtphantasien des Mussolini-Regimes geopfert hatte. Revelli wurde durch die Buchveröffentlichung mündlicher Zeugnisse aus der ›Welt der Besiegten und Vergessenen‹ bekannt (*Il mondo dei vinti. Testimonianze di vita contadina*, Turin 1977), die sich wie Rigoni Sterns Prosa der von Industrialisierung und Massenkultur marginalisierten bäuerlichen Lebenswelt widmete.

[9] **Jahrhundertlärche** Rigoni Stern selbst hat sich lieber als *salice nano nella foresta della letteratura*, als ›Zwergweide im Wald der Literatur‹ bezeichnet.

[33] **Plinius der Ältere** Die insgesamt 37 Bücher umfassende Naturgeschichte der *Historia naturalis* des römischen Flottenkommandanten Gaius Plinius Secundus (23/24 v. Chr. – 79 n. Chr.) bietet eine Enzyklopädie des naturkundlichen Wissens der Antike. Die Bücher XIV bis XVII sind den Frucht-, Wald- und Nutzbäumen gewidmet (Einzelstellen erschließen die Stichwortverzeichnisse der jeweiligen Bände sowie das Gesamtregister der zweisprachigen Ausgabe C. Plinius Secundus d. Ä., *Naturkunde*, 37 Bde., hrsg. und übers. von Roderich König, München, Zürich 1981; eine Auswahl bietet der Reclam-Band: Gaius Plinius Secundus, *Über Bäume*, hrsg. und übers. von Bernhard Herzhoff, Stuttgart 2022). Plinius-Zitate dürfen bis heute in keinem dendrologischen Werk fehlen; der Autor der *Historia naturalis* bezieht sein Wissen mehr oder weniger ausschließlich aus dem antiken Schrifttum, das er meist unkritisch wiedergibt, selten aber aus unmittelbarer Anschauung.

[33] **Ägis** Diese (bei dem Historiker Diodorus Siculus [III, 7] überlieferte) Version der antiken Sage um das Ziegenfell, das den Schild der Athene schmückt, hat durch die verheerenden Waldbrände in Attika 2016 ungeahnte Aktualität gewonnen.

[33] **Über das Waldrecht des Altertums** Adolfo di Bérenger (1815–1895), *Dell' antica storia e giurisprudenza forestale in Italia*, Venedig 1859–1863, meist unter dem Titel des I. und II. Teils als *Archeo-*

logia forestale zitiert. Bérenger, der aus einer vor der Revolution nach Bayern geflohenen französischen Adelsfamilie stammte, schrieb sich nach einem Philosophiestudium in Wien 1834 an der k. k. Forstakademie von Mariabrunn ein. Ab 1836 bekleidete der gebürtige Münchner verschiedene Positionen in der italienischen Forstverwaltung, die er nach neuesten Erkenntnissen zu reformieren trachtete. Seine umfangreichen Schriften über die Geschichte der Wälder und des Waldrechts in Italien seit der Antike zeugen von hoher forstkundlicher Fachkenntnis, aber auch von immenser historischer und philologischer Gelehrsamkeit. Auf Bérengers Initiative geht die Einrichtung des bis heute bestehenden Forstwissenschaftlichen Instituts in Vallombrosa bei Florenz zurück, dessen Gründungsdirektor er 1869–1877 war.

[34] **im Garten vor meinem Haus in den Bergen** Rigoni Stern verwendet den dialektalen Ausdruck *brolo*; er bezeichnet einen von Mauern oder Hecken eingefriedeten Gemüse- oder Obstgarten. Das über das spätlateinische *brogilus* auf eine keltische Wurzel zurückgehende, früher in Norditalien und der Toskana verbreitete Wort ist heute nur noch im Veneto und im Paduanischen gebräuchlich.

[34] **Italien** Zur Dendrovegetation der Apenninhalbinsel das wohl auch von Rigoni Stern benutzte Handbuch *Gli alberi d'Italia* von Luigi Fenaroli, Mailand 1967; eine gut lesbare Übersicht über die mediterrane Flora bietet Werner Grandjot, *Reiseführer durch das Pflanzenreich der Mittelmeerländer*, Bonn 1955; nützlich auch der *Kosmos-Reise-Naturführer Italien*, Stuttgart 1955. Grundlegend zum The-

ma Wald und Landschaft Italiens Mauro Agnoletti, *Storia del bosco. Il paesaggio forestale italiano*, Rom, Bari 2018; von älteren Darstellungen nach wie vor lesenswert Victor Hehn, *Kulturpflanzen und Hausthiere in ihrem Übergang aus Asien nach Griechenland und Italien sowie in das übrige Europa*, Berlin 1874, oder das der Vegetation gewidmete x. Kapitel von Heinrich Nissens *Italischer Landeskunde*, Berlin 1883.

[44] **Avez del prinzep** Im November 2017 vom Sturm gefällt.

[56] **I recuperanti** Der mit Laiendarstellern gedrehte Film von Ermanno Olmi (1931–2018) aus dem Jahr 1970 erzählt die Geschichte von Bergbewohnern, die auf den Schlachtfeldern des Ersten Weltkriegs nach Metallschrott und Munitionsresten suchten, um ihren Lebensunterhalt zu verdienen. Olmi und Rigoni Stern, der am Drehbuch mitgearbeitet hatte, waren seit Anfang der 1960er Jahre Nachbarn. Olmi arbeitete oft mit lokalen Laiendarstellern, bekannt wurde er 1978 mit dem, im Bergamasker Dialekt gedrehten (und später von den Darstellern selbst italienisch nachsynchronisierten), Film *Der Holzschuhbaum* über das Schicksal von vier Bauernfamilien in der Zeit kurz vor 1900. Wie Rigoni Stern und Nuto Revelli in ihren Büchern widmete Olmi sich in seinen Filmen der durch Industrialisierung und Landflucht zum Verschwinden gebrachten Welt der einfachen Leute auf dem Lande.

[58 und 76] **Andrea Brustolon** 1662–1732, einer der Hauptvertreter des venezianischen Barock.

[59] **Sequoia gigantea** Nach der aktuellen Taxonomie *Sequoiadendron giganteum*.

[60] **Sumpfzypressengewächse** Beide Mammutbaumarten bilden heute eine Unterfamilie der Zypressengewächse (*Cupressaceae*); die Familie *Taxodiaceae* ist aus der Nomenklatur verschwunden.

[61] **Ureinwohner Amerikas** Tatsächlich war es wohl der österreichische Botaniker Ladislaus Endlicher, der die Art 1847 erstmals beschrieb und dem Erfinder der Cherokee-Schrift mit der Benennung ein Denkmal setzte.

[61] **Karl Müller** *Das Buch der Pflanzenwelt,* Leipzig, 2. Aufl. 1869, Bd. 1, S. 238.

[69] **Familie der Lindengewächse** Heute eine Unterfamilie der Malvengewächse.

[70] **Neuenstadt in Württemberg** Die Gerichtslinde wurde in den letzten Wochen des Zweiten Weltkriegs bei Kämpfen beschädigt und von einem Gewitter umgerissen.

[70] **Zimbrisch** S. o. zu den Sieben Gemeinden.

[72] **Lindenallee** Boris Pasternak, *Wenn es aufklart. Werkausgabe* Bd. 3, Gedichte, Erzählungen, Briefe. Hrsg. von Christine Fischer, Frankfurt a. M. 2017, S. 92f.

[73] **segensreiche Bäume** Vgl. S. 109 und 140.

[75 und 79] **Eibenzweige, abgerissen** *Macbeth*, 4. Akt, 1. Szene, übersetzt von Friedrich Schiller.

[79] **Pietro Andrea Mattioli** Der aus Siena gebürtige Humanist, Naturkundler und Arzt (1501–1578), zeitweise am Kaiserhof in Prag tätig, später in Trient sesshaft, gilt als einer der wichtigsten Botaniker des 16. Jahrhunderts. Seine zuerst auf Italienisch 1544 in Venedig im Druck erschienenen *Discorsi nelle sei libri di Pedacio Dioscuride Anazarbeo*, aus denen Rigoni Stern zitiert, sind als Kom-

mentar zur *Materia medica*, einer seit der Antike viel gelesenen Arzneistoffkunde des in römischen Diensten stehenden griechischen Arztes Pedanios Dioskurides aus dem 1. Jh. n. Chr. angelegt. Mattiolis Schrift geht jedoch weit über die Annotierung des antiken Textes hinaus, bespricht (und verwirft) alte und neue Lehrmeinungen und liefert ausführliche Beschreibungen der besprochenen Pflanzen, ihrer Verwendung als Heil- oder Nahrungsmittel und noch manch anderes. 1554 gab Mattioli eine lateinische Fassung in Druck, der bald Übersetzungen ins Französische, Tschechische und Deutsche folgten. Das in mehr als einem Dutzend Auflagen erschienene Werk wurde zu einem Kristallisationskern der frühmodernen Botanik. Rigoni Stern zitiert sowohl aus Mattiolis Übersetzung des Dioskurides-Textes wie aus dessen Kommentierung.

[79] **Eburonenkönig** *Bellum Gallicum* 6,31,5; das keltische Wort *eburo* für Eibe mag hier eine Rolle gespielt haben.

[79 und 146] **Theophrast** Der Aristotelesschüler (371–287 v. Chr.) beschäftigte sich nicht nur mit Philosophie und Logik, sondern darüber hinaus intensiv mit naturkundlichen Fragen. In einer eigenen kleinen Schrift mit dem Titel *Charaktere* widmete Theophrast sich den wiederkehrenden Ausprägungen menschlicher Wesensart.

[81] **Der Hirsch beißt oben** Snorri Sturluson, *Prosa-Edda*.

[83] **riegelwüchsig** Wachstumsunregelmäßigkeit bei einigen Laubbaumarten, die im Längsschnitt ein wellenförmiges Streifenmuster ergibt und gern im Geigenbau verwendet wird.

[85] **Hesiod** In dessen Mythensammlung *Werke und Tage* heißt es von diesem Geschlecht: ›Zeus der Vater erschuf hinfälliger Menschen ein drittes / andres Geschlecht, aus Erz, dem silbernen nirgendwo gleichend, / eschenentstammt, so furchtbar wie stark; die trieben des Ares / keuchend Geschäft und die Tat der Gewalt und Kornfrucht vom Felde / aßen sie nicht, stahlhart war ihr Herz im trotzigen Drängen‹ (*Werke und Tage* 143–7, nach Hesiod, *Sämtliche Gedichte,* hrsg. von Walter Marg, Zürich, Stuttgart 1970).

[85] **Yggdrasil** Snorri Sturluson, Prosa-Edda. *Altisländische Göttergeschichten*, übers. von Arthur Häny, München 1991, S. 41.

[91] **So grüner Locken Zierde** Sergej Jessenin, *Gesammelte Werke,* hrsg. von Leonhard Kossuth, Berlin 1995, Bd. 1, S. 116 (dt. von Elke Erb).

[91] **Schöpf mit Mondkrügen** Ebd., S. 134 (dt. von Annemarie Bostroem).

[93] **Wintervögel** Nach Boris Pasternak, *Doktor Schiwago,* übers. von Thomas Reschke, Frankfurt a. M. 1992, S. 483.

[96] **Mattioli über die Eberesche** *Discorsi* ..., Venedig 1568 (Ndr. Rom 1967), S. 280.

[99] **›Eicheln des Zeus‹** Vgl. Bérenger, S. 304.

[101] **Cupuliferae** Die heute nicht mehr verwendete Bezeichnung wurde durch die der *Fagaceae* (Buchengewächse) ersetzt.

[103] **täglich Brot** Zur Kastanienwirtschaft in Italien ausführlich das Kapitel ›La civiltà del castagno‹ bei Agnoletti, *Storia del bosco*.

[107] **›Am Wegesrand‹** L. Tolstoi, *Krieg und Frieden*, übers. v. Barbara Conrad, München 2010, S. 736.

[108] **aus knorriger Eiche** *Gensque virum truncis et duro robore nata*, Aen. VIII,315, i.d. Übers. von Alexander Schröder, Frankfurt a. M. 1952.

[111] **Vento largo** 1991 erschienener Roman des ligurischen Autors Francesco Biamonti, der sich in seinem Werk ähnlich wie Rigoni Stern dem Leben der einfachen Leute widmete; Italo Calvino würdigt ihn als Meister des ›Landschaftsromans‹ (*romanzo-paesaggio*).

[113] **Pindar** *Olympica* III,13; zum Ölbaum in der antiken Literatur ausführlich Hehn, *Kulturpflanzen*, S. 87ff.

[114] **Odyssee** V,477 und XXIII, 195.

[120] **Mattioli über die Weide** S. 217, aus dem Text des Dioskurides.

[122] **Lex Aquilia** 286 v. Chr. erlassenes Gesetz über den Ausgleich von Sachschäden.

[123] **Walnuss/Nussbaum** Aus dem lateinischen *nux/nucis* für Nuss das italienische *noce*; im Deutschen wurde diese früher, weil aus Italien nach nördlich der Alpen gelangt, auch als ›welsche Nuss‹ bezeichnet.

[127] **Wie des Abends** *Ti ricordi quelle sere / sotto l'albero di noce / mi dicevi a bassa voce.*

[128] **Hexenbaum von Benevent** *De nuce maga beneventana*, Neapel 1635.

[129] **Giacomo Castelvetro** 1546–1616; der aus Modena stammende Protestant, Humanist und Reisende, erster Professor für italienische Literatur in Oxford, bereiste halb Europa, bevor er sich 1611 auf der Flucht vor der römischen Inquisition endgültig in England niederließ. Nonkonformist auch in Ernährungsfragen, verfasste der passionierte

Gärtner als Gegenprogramm zur fleischlastigen englischen Küche 1614 eine Schrift mit dem Titel *Brieve racconto di tutte le radici, di tutte l'erbe e di tutti i frutti che crudi o cotti in Italia si mangiano*, die zunächst nur in handschriftlicher Form unter seinen Getreuen zirkulierte. Castelvetro starb, verarmt und nach langer Krankheit, 1616 in London.

[131] **Festung von Macallè** Im Januar 1896 wurden italienische Kolonialtruppen dort von äthiopischen Einheiten unter Ras Maconnen eingekesselt und schließlich zum Abzug gezwungen.

[131] **Gebirgsjäger** Rigoni Stern meldete sich nach Abschluss der *Scuola di avviamento professionale*, einer Art Berufsschule, die er von 1932 bis 1936 besucht hatte, freiwillig zu den *Alpini*, wie dieser Truppenteil in Italien genannt wird. Auf Anordnung Mussolinis wurden ihre mit dem Einsatz unter den Bedingungen von Eis und Schnee vertrauten Einheiten im September 1942 zur Unterstützung von Hitlers Russlandfeldzug abgestellt. Nach dem Zusammenbruch des faschistischen Regimes am 8. September 1943 verweigerte ein Teil der italienischen Truppen den Eid auf die von den Deutschen kontrollierte *Repubblica Sociale* des Generals Badoglio. Viele, darunter auch Rigoni Stern, bezahlten diesen ›Mut, nein zu sagen‹ (*Il coraggio di dire no*, so der Titel einer Essaysammlung des Autors) mit der Verschickung in deutsche Kriegsgefangenenlager.

[132] **Pyramidenpappel** Die etwa in der Poebene sehr verbreitete Wuchsform wird auch als *Populus nigra* var. *italica*, im Französischen als *Peuplier d'Italie* bezeichnet.

[133] **Alfonso Alessandrini** Der in den 1950er Jahren am Forstwissenschaftlichen Institut in Florenz ausgebildete Ministerialbeamte war unter anderem Leiter des *Corpo Forestale dello Stato*, einer bis 2016 als eigenständige Kontrollbehörde bestehenden staatlichen italienischen Forstpolizei.

[133] **auf den Stock gesetzt** Anders als beim Hochwald, dessen Bäume im ausgewachsenen Zustand gefällt werden, um die Stämme zu Balken oder Brettern zu sägen, wird der Nieder- bzw. Hauwald im Abstand weniger Jahrzehnte oder sogar Jahre teils bis knapp über dem Wurzelstock geschlagen (wie man es von Kopfweiden oder Hainbuchen kennt). Hierzu wählt man besonders ausschlagkräftige Arten, deren Stocktriebe als Brennholz oder zu anderen Zwecken, etwa als Pfähle oder Stangen, Verwendung finden. In Italien ist der *bosco ceduo* bis heute eine verbreitete, wenn auch abnehmende Nutzungsform; sie hat wesentlich zur Entstehung des für die Apenninhalbinsel so typischen Gesamtbildes einer vom Menschen geformten Natur und Landschaft beigetragen (hierzu und zur historischen Entwicklung des Waldbestandes in Italien ausführlich Agnoletti, *Storia del bosco,* Rom, Bari 2018; zu den Formen der Niederwaldwirtschaft S. 64ff.)

[134] **Phaeton** Vgl. die Fassung in Ovids *Metamorphosen*, I,147 – II,400.

[139] **bis heute bekannte Sorten** Plinius, *Historia Naturalis* XV, 50–52. Der Erforschung und dem Erhalt historischer Obstsorten widmet sich im Rahmen des Projekts *Archeologia arborea* seit Jahrzehnten die in Lerchi unweit Perugia ansässige und weit

darüber hinaus tätige Pomologin Isabella dalla Ragione.

[140] **erste Sünder** Dante, *Purgatorio* XXXIII, 61–63.

[140] **Hohelied der Liebe** II, 3.

[140] **segensreich** *Arbor felix,* vgl. Bérenger, S. 116.

[144] **Rankstütze für Weinreben** Auch als *uva maritata*, ›Traube im Ehestand‹, bezeichnete Anbauweise; schon bei Vergil erwähnt.

[146] **Goldener Herbst** Boris Pasternak, *Wenn es aufklart. Werkausgabe* Bd. 3, Gedichte, Erzählungen, Briefe. Hrsg. von Christine Fischer, Frankfurt a. M. 2017, S. 100.

[155] **Pontikon** Herodot, *Historien*, IV, 23; hrsg. und übers. von Josef Feix, München 1963.

[158] **Lebwohl** Nach der Übertragung von Thomas Brasch, in: Anton Tschechow, *Die großen Dramen,* Frankfurt a. M. 2004, S. 361.

IMPRESSUM

Die italienische Originalausgabe
erschien 1991 unter dem Titel *Arboreto salvatico*

Die Recherchen zu Autor und Werk
wurden gefördert durch ein Initiativ-Stipendium
des Deutschen Übersetzerfonds

Gestaltung de Jong Typografie, Essen
Satzschrift Baskerville Pro
Druck und Bindung Beltz Grafische
Betriebe GmbH, Bad Langensalza
Covermotiv (Baum-Outlines):
Ace_Create / iStockphoto.com
Abbildungen im Innenteil
aus Pietro Andrea Mattioli: *Kreutterbuch […]*,
Frankfurt am Main, 1586

Bibliographische Information der
Deutschen Nationalbibliothek:
Die Deutsche Nationalbibliothek
verzeichnet diese Publikation
in der Deutschen Nationalbiblio-
graphie: detaillierte bibliogra-
phische Daten sind im Internet
unter http://dnb.dnb.de abrufbar

www.dvb-mainz.de
ISBN 978 3 87162 120 8